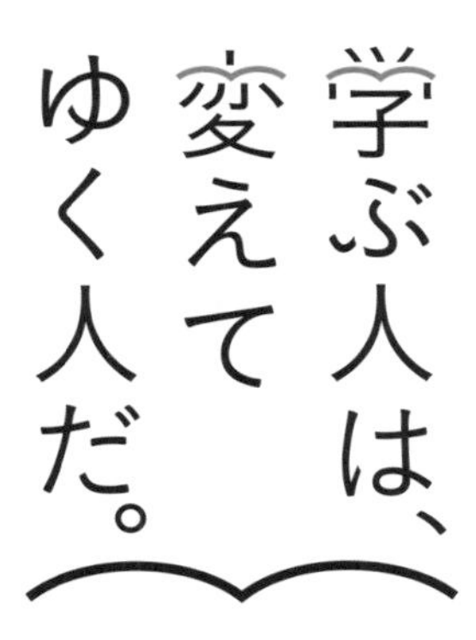

目の前にある問題はもちろん、

人生の問いや、

社会の課題を自ら見つけ、

挑み続けるために、人は学ぶ。

「学び」で、

少しずつ世界は変えてゆける。

いつでも、どこでも、誰でも、

学ぶことができる世の中へ。

旺文社

数学Ⅲ·C単問ターゲット 256 四訂版

木部陽一

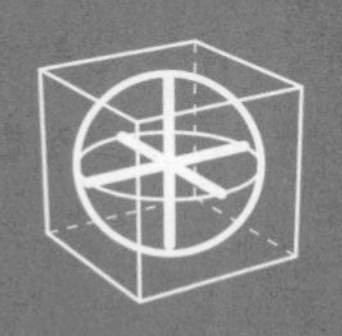

旺文社

INTRODUCTION

高校生，大学受験生のみなさん，こんにちは．

本書は，高等学校の「数学Ⅲ」，「数学C」について，定期試験および国公立大2次・私立大入試の基礎固めとして編集されました．

また，ご存じと思いますが，すでに出版されている

「数学I・A 単問ターゲット 334」

「数学II・B ＋ ベクトル単問ターゲット 337」

の姉妹本です．

数学は，得点しにくい教科であると思われるかもしれませんが，本当は簡単にしかも確実に得点できる教科なのです．でも，今までに数学の試験で悪い点を取って，やる気が失せたり自己嫌悪に陥ったりした経験はありませんか．原因はいろいろ考えられますが，最も大きな原因は

準備不足，練習不足

なのです．

高等学校の数学は，決してやさしくはありません．しかも，教科書の内容だけでも膨大なものがあります．

しかし,

試験に出題される内容は,決まっている

のです.

この本は,

試験に最も出やすい内容を精選

して配列してあります.

オードブルもデザートも省いて **メインディッシュ**だけをいきなり味わってください.それが,定期試験そして入学試験を無理なく克服する**最短コース** だからです.

入学試験は,先手必勝です.

この本を手に取ったみなさんは,たった今さっそくスタートを切ってください.

丸暗記 するくらい,この本を繰り返し読んでください.

それでは,高校数学の最速コースにご案内しましょう.

●著者紹介
木部　陽一(きべ　よういち)
群馬県前橋市生まれ.県立前橋高等学校,東京大学理学部数学科を卒業.現在,開成中学校・高等学校教諭.高校数学の教科書の執筆者でもあり,多方面で活躍されています.

CONTENTS

INTRODUCTION 2
How to use this book 6

CORE EXERCISE

第1章 数列の極限

1 数列の極限 8
2 無限等比数列 10
3 無限等比級数 12
4 無限級数 14

第2章 関数と極限

5 分数関数 16
6 無理関数 18
7 合成関数と逆関数 20
8 関数の極限(1) 22
9 関数の極限(2) 24
10 関数の極限(3) 26
11 関数の極限(4) 28
12 関数の連続性 30

第3章 微分法

13 微分法の公式 32
14 導関数の計算 34
15 いろいろな微分法 36
16 微分係数と導関数 38

第4章 微分法の応用

17 接線と法線 40
18 いろいろな接線 42
19 平均値の定理 44
20 関数の増減と極値(1) 46
21 関数の増減と極値(2) 48
22 グラフの凹凸と変曲点(1) 50
23 グラフの凹凸と変曲点(2) 52
24 グラフの漸近線 54
25 いろいろな曲線 56
26 最大・最小 58
27 最大・最小と図形 60
28 方程式への応用 62
29 不等式への応用(1) 64
30 不等式への応用(2) 66
31 速度・加速度 68
32 近似式と近似値 70

第5章 積分法

33 不定積分 72
34 不定積分の置換積分(1) 74
35 不定積分の置換積分(2) 76
36 不定積分の部分積分 78
37 いろいろな関数の不定積分(1) 80
38 いろいろな関数の不定積分(2) 82
39 定積分 84
40 定積分の計算 86
41 定積分の置換積分(1) 88
42 定積分の置換積分(2) 90
43 定積分の部分積分(1) 92
44 定積分の部分積分(2) 94

第6章 積分法の応用 1

45 定積分で表された関数 96
46 区分求積法 98
47 定積分と不等式 100

第7章 積分法の応用 2

48 面積(1) 102
49 面積(2) 104
50 面積(3) 106
51 面積(4) 108
52 体積(1) 110
53 体積(2) 112
54 体積(3) 114
55 曲線の長さ(1) 116
56 曲線の長さ(2) 118

第8章 ベクトル

57 ベクトルの和・差・実数倍 120
58 ベクトルの成分 122
59 ベクトルの内積 124
60 内積の応用 126
61 ベクトル方程式 128
62 ベクトルの図形への応用 130
63 空間のベクトル 132

第9章 平面上の曲線

64 放物線 134
65 楕円 136
66 双曲線 138
67 2次曲線の平行移動 140
68 2次曲線の接線・割線(1) 142
69 2次曲線の接線・割線(2) 144
70 2次曲線と離心率 146
71 媒介変数表示 148
72 極座標(1) 150
73 極座標(2) 152
74 いろいろな曲線の概形 154

第10章 複素数平面

75 複素数平面 156
76 極形式 158
77 ド・モアブルの定理(1) 160
78 ド・モアブルの定理(2) 162
79 1の n 乗根,複素数の n 乗根 164
80 図形への応用(1) 166
81 図形への応用(2) 168
82 図形への応用(3) 170

■ 必ず覚える公式 172

SPECIAL EXERCISE

1 漸化式と数列の極限 174
2 極限値と導関数 176
3 関数の無限級数展開 178
4 接線の本数 180
5 $\sin^n x, \cos^n x$ の定積分 182
6 回転体の体積公式の変形 184
7 無限級数 $1-\frac{1}{2}+\frac{1}{3}-\frac{1}{4}+\cdots+(-1)^{n-1}\cdot\frac{1}{n}+\cdots$ 186
8 e は無理数である 188
9 正三角形であるための必要十分条件 190

■ 忘れやすい公式 192

■ How to use this book

本書はCORE EXERCISEとSPECIAL EXERCISEの2部構成になっています．

■CORE EXERCISE

高校数学の「核」となる基本問題の全パターン．
教科書の例題，練習問題のレベルです．
定期試験で頻繁に出題されます．
問題と解法を確実に覚え，理解してください．

■SPECIAL EXERCISE

知っていると役に立つ特別問題．
入試によく出る標準問題．
難易度の高い問題を攻略するための技法を習得できます．

使用法① 英単語のように暗記する必要はありません．左ページの問題を読んですぐに右ページの解答の骨格が頭に浮かぶようにしてください．つまり，

「問題を見る」→「解答の手順が頭に浮かぶ」

ということが即座にできるようになるまで使い込んでください．

使用法② 時間のない人は，問題と解答を丸暗記してしまいましょう．ただし，公式や解答がきちんと納得できない場合は，教科書などで必ず確認してください．

使用法③ 数学に自信のある人は，確認テストとして使ってください．短時間で全パターンの総復習ができます．

CORE EXERCISE

III・C 246

MATHEMATICS

1 数列の極限

1 □

次の数列の収束・発散を調べなさい.

(1) $\sqrt{3}$, $\sqrt{5}$, $\sqrt{7}$, $\sqrt{9}$, …

(2) $\dfrac{3}{2}$, $\dfrac{4}{3}$, $\dfrac{5}{4}$, $\dfrac{6}{5}$, …

(3) 1, −1, 1, −1, 1, −1, …

方針 第 n 項を n で表し, $n\to\infty$ のときの様子を調べる.

---

2 □

次の極限・極限値を求めなさい.

(1) $\displaystyle\lim_{n\to\infty}\frac{3n^2-5}{n^2+2n}$ (2) $\displaystyle\lim_{n\to\infty}\frac{3n-5}{n^2+2n}$ (3) $\displaystyle\lim_{n\to\infty}\frac{3n^3-5}{n^2+2n}$

方針 分子・分母を n^2 で割ってから $n\to\infty$ とする.

▶ $n\to\infty$ のとき, $\dfrac{1}{n}\to 0$, $\dfrac{1}{n^2}\to 0$

---

3 □

$\displaystyle\lim_{n\to\infty}\frac{3}{\sqrt{n^2+n}-n}$ を求めなさい.

方針 分母を有理化してから変形する.

▶ 分子・分母にそれぞれ $\sqrt{n^2+n}+n$ をかける.

---

4 □

$\displaystyle\lim_{n\to\infty}\frac{\cos n\pi}{n}$ を求めなさい.

方針 はさみうちの原理を利用する.

▶ $a_n\leqq b_n\leqq c_n$ で, $n\to\infty$ のとき $a_n\to\alpha$, $c_n\to\alpha$ ならば $b_n\to\alpha$

ANSWER

1

(1) 一般項は $\sqrt{2n+1}$ で，$n\to\infty$ のとき $\sqrt{2n+1}\to\infty$ であるから，正の無限大に発散する．

(2) 一般項は $\dfrac{n+2}{n+1}$ で，$n\to\infty$ のとき $\dfrac{n+2}{n+1}=\dfrac{1+\dfrac{2}{n}}{1+\dfrac{1}{n}}\to 1$

であるから，1 に収束する．

(3) 一般項は $(-1)^{n-1}$ であるから，振動する．

2

(1) $\displaystyle\lim_{n\to\infty}\frac{3n^2-5}{n^2+2n}=\lim_{n\to\infty}\frac{3-\dfrac{5}{n^2}}{1+\dfrac{2}{n}}=\frac{3}{1}=3$

(2) $\displaystyle\lim_{n\to\infty}\frac{3n-5}{n^2+2n}=\lim_{n\to\infty}\frac{\dfrac{3}{n}-\dfrac{5}{n^2}}{1+\dfrac{2}{n}}=\frac{0}{1}=0$

(3) $\displaystyle\lim_{n\to\infty}\frac{3n^3-5}{n^2+2n}=\lim_{n\to\infty}\frac{3n-\dfrac{5}{n^2}}{1+\dfrac{2}{n}}=\infty$

3

$$\lim_{n\to\infty}\frac{3}{\sqrt{n^2+n}-n}=\lim_{n\to\infty}\frac{3(\sqrt{n^2+n}+n)}{(\sqrt{n^2+n}-n)(\sqrt{n^2+n}+n)}$$

$$=\lim_{n\to\infty}\frac{3(\sqrt{n^2+n}+n)}{n}=\lim_{n\to\infty}3\left(\sqrt{1+\frac{1}{n}}+1\right)=6$$

4

$-1\leqq\cos n\pi\leqq 1$ より　　$0\leqq\left|\dfrac{\cos n\pi}{n}\right|\leqq\dfrac{1}{n}$

$n\to\infty$ とすると，$\dfrac{1}{n}\to 0$ であるから，はさみうちの原理より

$\displaystyle\lim_{n\to\infty}\left|\frac{\cos n\pi}{n}\right|=0$　　ゆえに，$\displaystyle\lim_{n\to\infty}\frac{\cos n\pi}{n}=0$

(参考) この数列は，次のようになる．

$$-\frac{1}{1},\ \frac{1}{2},\ -\frac{1}{3},\ \frac{1}{4},\ -\frac{1}{5},\ \frac{1}{6},\ \cdots$$

2 無限等比数列

5 □

次の極限・極限値を求めなさい.

(1) $\lim_{n\to\infty}2^n$ (2) $\lim_{n\to\infty}\left(\frac{1}{3}\right)^n$ (3) $\lim_{n\to\infty}\left(-\frac{1}{4}\right)^n$

方針 公比 r と $+1$, -1 との大小を比較する.

$-1<r<1$ のとき $\lim_{n\to\infty}r^n=0$

$r=1$ のとき $\lim_{n\to\infty}r^n=1$

$r>1$ のとき $\lim_{n\to\infty}r^n=\infty$

▶ $r\leqq-1$ のとき, 数列 $\{r^n\}$ は振動する.

---

6 □

$\lim_{n\to\infty}\frac{3^n-5^n}{2^n+5^n}$ を求めなさい.

方針 $n\to\infty$ のとき, $\to0$ となる項ができるように変形する.

▶ 分子・分母をそれぞれ 5^n で割る.

---

7 □

第 n 項が $\left(\frac{x+2}{3}\right)^n$ で表される数列が収束するための x の値の範囲を求めなさい.

方針 数列 $\{r^n\}$ が収束 $\Longleftrightarrow$ $-1<r\leqq1$

---

8 □

$\lim_{n\to\infty}\frac{r^{2n+1}}{1+r^{2n}}$ を求めなさい.

方針 r の値で場合分けして考える.

▶ $-1<r<1$, $r=1$, $r=-1$, $r<-1$, $1<r$ などに分けて考える.

ANSWER

5

(1)　$\lim_{n\to\infty} 2^n = \infty$

(2)　$\lim_{n\to\infty} \left(\frac{1}{3}\right)^n = 0$

(3)　$\lim_{n\to\infty} \left(-\frac{1}{4}\right)^n = 0$

6

$$\lim_{n\to\infty} \frac{3^n - 5^n}{2^n + 5^n} = \lim_{n\to\infty} \frac{\left(\frac{3}{5}\right)^n - 1}{\left(\frac{2}{5}\right)^n + 1} = \frac{0-1}{0+1} = -1$$

7

この無限等比数列が収束するための必要十分条件は

$$-1 < \frac{x+2}{3} \leqq 1$$

ゆえに，　$-5 < x \leqq 1$

(参考) $x=1$ のとき，$\left(\frac{1+2}{3}\right)^n = 1^n = 1$ となり，この数列は 1 に収束する．

8

(i)　$-1<r<1$ のとき，$\lim_{n\to\infty} \frac{r^{2n+1}}{1+r^{2n}} = \frac{0}{1+0} = 0$

(ii)　$r=1$ のとき，$\lim_{n\to\infty} \frac{r^{2n+1}}{1+r^{2n}} = \frac{1}{1+1} = \frac{1}{2}$

(iii)　$r=-1$ のとき

$$\lim_{n\to\infty} \frac{r^{2n+1}}{1+r^{2n}} = \frac{-1}{1+1} = -\frac{1}{2}$$

(iv)　$r<-1$ または $1<r$ のとき

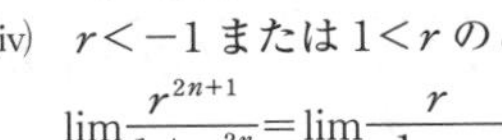

$$\lim_{n\to\infty} \frac{r^{2n+1}}{1+r^{2n}} = \lim_{n\to\infty} \frac{r}{\frac{1}{r^{2n}}+1} = r$$

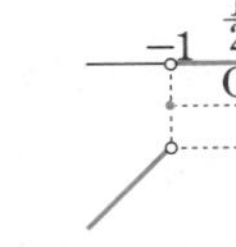

(参考) $y = \lim_{n\to\infty} \frac{r^{2n+1}}{1+r^{2n}}$ のグラフをかくと，上図のようになる．

3 無限等比級数

9 □

次の和を求めなさい.

(1) $1+\frac{1}{2}+\frac{1}{4}+\frac{1}{8}+\frac{1}{16}+\cdots$

(2) $3-1+\frac{1}{3}-\frac{1}{9}+\frac{1}{27}-\frac{1}{81}+\cdots$

方針 初項と公比を確認し，公式を利用する.

> $-1<r<1$ のとき，$\sum_{n=1}^{\infty} ar^{n-1}=\frac{a}{1-r}$

10 □

無限等比級数 $\sum_{n=1}^{\infty} x(x-1)^{n-1}$ が収束するための x の値の範囲を求めなさい.

方針 無限等比級数の収束条件を利用する.

> $\sum_{n=1}^{\infty} ar^{n-1}$ が収束 $\Longleftrightarrow a=0$ または $-1<r<1$

★ 無限等比数列の収束条件との違いに注意せよ.
無限等比数列 $\{ar^{n-1}\}$ が収束
$\Longleftrightarrow a=0$ または $-1<r\leqq 1$

11 □

次の循環小数を分数で表しなさい.

(1) $0.\dot{7}$　　(2) $0.3\dot{1}\dot{2}$

方針 無限等比級数の和として考える.

▶ $0.\dot{7}=0.77777\cdots=0.7+0.07+0.007+\cdots$
$0.3\dot{1}\dot{2}=0.3121212\cdots=0.3+0.012+0.00012+0.0000012+\cdots$

12 □

ある無限等比級数の和は3で，その各項を平方して得られる無限等比級数の和は $\frac{9}{2}$ である.
もとの無限等比級数の初項 a と公比 r を求めなさい.

方針 各項を平方すると，初項 a^2，公比 r^2 の無限等比級数になる.

ANSWER

9

(1)　初項1，公比 $\frac{1}{2}$ の無限等比級数であるから収束し，

その和は　$\dfrac{1}{1-\frac{1}{2}}=\mathbf{2}$

(2)　初項3，公比 $-\frac{1}{3}$ の無限等比級数であるから収束し，

その和は　$\dfrac{3}{1-\left(-\frac{1}{3}\right)}=\mathbf{\frac{9}{4}}$

10

初項 x，公比 $x-1$ の無限等比級数であるから，収束するための必要十分条件は　$x=0$　または　$-1<x-1<1$

すなわち，　$x=0$　または　$0<x<2$

ゆえに，　$\mathbf{0\leqq x<2}$

11

(1)　$0.\dot{7}=0.7+0.07+0.007+0.0007+\cdots$

$=\dfrac{0.7}{1-0.1}=\dfrac{0.7}{0.9}=\mathbf{\frac{7}{9}}$

(2)　$0.3\dot{1}\dot{2}=0.3+0.012+0.00012+0.0000012+\cdots$

$=0.3+\dfrac{0.012}{1-0.01}=0.3+\dfrac{0.012}{0.99}=0.3+\dfrac{12}{990}=\mathbf{\frac{103}{330}}$

12

条件より $\begin{cases}\dfrac{a}{1-r}=3 & \cdots\cdots ① \\ \dfrac{a^2}{1-r^2}=\dfrac{9}{2} & \cdots\cdots ②\end{cases}$　$\begin{pmatrix}a\neq 0, \\ -1<r<1\end{pmatrix}$

①，②より a を消去して　$\dfrac{1+r}{1-r}=2$

ゆえに，$\mathbf{r=\frac{1}{3}}$　　これは $-1<r<1$ を満たす．

①に代入して　$\mathbf{a=2}$

（注意）上の解では $①^2\div②$ を計算しているが，①を $a=3(1-r)$ と変形して②に代入してもよい．

4 無限級数

13 □

$S=\frac{1}{1\cdot2}+\frac{1}{2\cdot3}+\frac{1}{3\cdot4}+\cdots$ を求めなさい.

方針 部分分数に分解する.

▶ $\frac{1}{n(n+1)}=\frac{1}{n}-\frac{1}{n+1}$

> 無限数列 $\{a_n\}$ の部分和を S_N とするとき, $\lim_{N\to\infty}S_N$ が存在するなら $\sum_{n=1}^{\infty}a_n=\lim_{N\to\infty}S_N$

---

14 □

$\sum_{n=1}^{\infty}\frac{1}{\sqrt{n+1}+\sqrt{n}}$ は発散することを示しなさい.

方針 第 N 項までの部分和を S_N とする. S_N を求め, $N\to\infty$ のとき, $S_N\to\infty$ を示す.

---

15 □

$T=\sum_{n=1}^{\infty}\frac{3^n-(-2)^n}{5^n}$ を求めなさい.

方針 2つの無限等比級数に分け, それぞれの和を求める. さらに, それをもとにして T を求める.

▶ $\sum_{n=1}^{\infty}a_n$, $\sum_{n=1}^{\infty}b_n$ がともに収束すれば, $\sum_{n=1}^{\infty}(a_n+b_n)$ も収束して $\sum_{n=1}^{\infty}(a_n+b_n)=\sum_{n=1}^{\infty}a_n+\sum_{n=1}^{\infty}b_n$

---

16 □

$\sum_{n=1}^{\infty}\frac{n}{n+1}$ は発散することを示しなさい.

方針 $n\to\infty$ のとき $\frac{n}{n+1}\to1$ を利用する.

▶ $\sum_{n=1}^{\infty}a_n$ が収束するならば, $\lim_{n\to\infty}a_n=0$

▶ 対偶をとると,

$\lim_{n\to\infty}a_n=0$ でないならば, $\sum_{n=1}^{\infty}a_n$ は発散する.

ANSWER

13 □

部分和は

$$S_N=\frac{1}{1\cdot2}+\frac{1}{2\cdot3}+\cdots+\frac{1}{N(N+1)}$$

$$=\left(\frac{1}{1}-\frac{1}{2}\right)+\left(\frac{1}{2}-\frac{1}{3}\right)+\cdots+\left(\frac{1}{N}-\frac{1}{N+1}\right)=1-\frac{1}{N+1}$$

ゆえに，$S=\lim_{N\to\infty}S_N=\lim_{N\to\infty}\left(1-\frac{1}{N+1}\right)=\mathbf{1}$

---

14 □

$$S_N=\sum_{n=1}^{N}\frac{1}{\sqrt{n+1}+\sqrt{n}}=\sum_{n=1}^{N}(\sqrt{n+1}-\sqrt{n})$$

$$=(\sqrt{2}-\sqrt{1})+(\sqrt{3}-\sqrt{2})+(\sqrt{4}-\sqrt{3})$$

$$+\cdots+(\sqrt{N+1}-\sqrt{N})$$

$$=\sqrt{N+1}-1$$

$N\to\infty$ のとき　$S_N\to\infty$ であるから，この無限級数は発散する．

---

15 □

$$\frac{3^n-(-2)^n}{5^n}=\left(\frac{3}{5}\right)^n-\left(-\frac{2}{5}\right)^n$$

$$\sum_{n=1}^{\infty}\left(\frac{3}{5}\right)^n=\frac{\frac{3}{5}}{1-\frac{3}{5}}=\frac{3}{2},\quad \sum_{n=1}^{\infty}\left(-\frac{2}{5}\right)^n=\frac{-\frac{2}{5}}{1-\left(-\frac{2}{5}\right)}=-\frac{2}{7}$$

ゆえに，T も収束して

$$T=\frac{3}{2}-\left(-\frac{2}{7}\right)=\mathbf{\frac{25}{14}}$$

---

16 □

$n\to\infty$ のとき

$$\frac{n}{n+1}=\frac{1}{1+\frac{1}{n}}\to1\neq0$$

ゆえに，この無限級数は発散する．

5 分数関数

17 □

曲線 $y=\dfrac{x+3}{x+1}$ と x 軸，y 軸との交点の座標を求めなさい．また，この双曲線の漸近線を求めなさい．

方針 漸近線を求めるには，$y=\dfrac{k}{x-a}+b$ の形に変形する．

▶ x 軸との交点：$y=0$ を代入して求める．
y 軸との交点：$x=0$ を代入して求める．

---

18 □

曲線 $y=\dfrac{x+3}{x+1}$ と直線 $y=x+1$ との交点の座標を求めなさい．

方針 2式から y を消去して，x についての方程式を作り，解を求める．

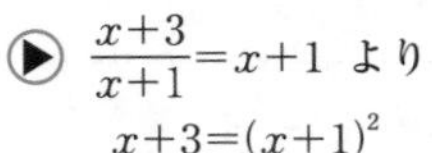

▶ $\dfrac{x+3}{x+1}=x+1$ より
$x+3=(x+1)^2$

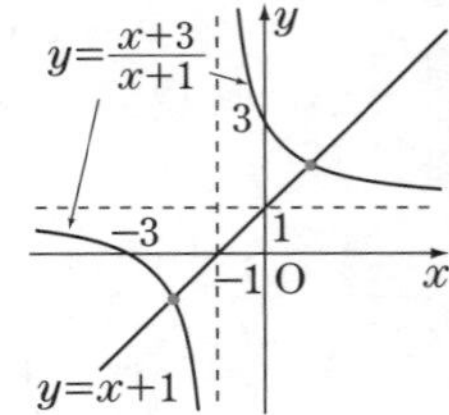

---

19 □

不等式 $\dfrac{x+3}{x+1}>x+1$ を解きなさい．

方針 曲線 $y=\dfrac{x+3}{x+1}$ が直線 $y=x+1$ よりも上方にある部分に対応する x の値の範囲を求める．

---

20 □

不等式 $\dfrac{x+3}{x+1}\leqq x+1$ を解きなさい．

方針 前問と同様であるが，解の端点が含まれるかどうかに注意する．

A N S W E R

17 □

$y=0$ とすると，$x=-3$
よって，x 軸との交点の座標は　$(-3,\ 0)$
$x=0$ とすると，$y=3$
ゆえに，y 軸との交点の座標は　$(0,\ 3)$
また，$y=\dfrac{2}{x+1}+1$ と変形できるから，
漸近線は　$x=-1$ および $y=1$

18 □

$y=\dfrac{x+3}{x+1}$ と $y=x+1$ とから
y を消去して　$\dfrac{x+3}{x+1}=x+1$
分母を払って　$x+3=(x+1)^2$
$x^2+x-2=0$
$(x+2)(x-1)=0$
よって，　$x=-2,\ 1$
$x=-2$ のとき，$y=-2+1=-1$
$x=1$ のとき，$y=1+1=2$
ゆえに，交点の座標は　$(-2,\ -1)$，$(1,\ 2)$

19 □

$y=\dfrac{x+3}{x+1}$，$y=x+1$ のグラフはそれぞれ左ページの図のようになる．上の問題 18 より，これらのグラフの交点の x 座標は -2 と 1 である．
$y=\dfrac{x+3}{x+1}$ のグラフが $y=x+1$ のグラフよりも上方にあるような x の値の範囲を求めて　$x<-2$，$-1<x<1$

20 □

$y=\dfrac{x+3}{x+1}$ のグラフが $y=x+1$ のグラフと共有点をもつか，または下方にあるような x の値の範囲を求めて
$-2\leqq x<-1$，$1\leqq x$

6 無理関数

21 □ 次の(1)～(4)の関数のグラフは，下の(ア)～(エ)のどれか答えなさい．

(1) $y=\sqrt{x-2}$　　(2) $y=-\sqrt{x-2}$

(3) $y=\sqrt{2-x}$　　(4) $y=-\sqrt{2-x}$

(ア)
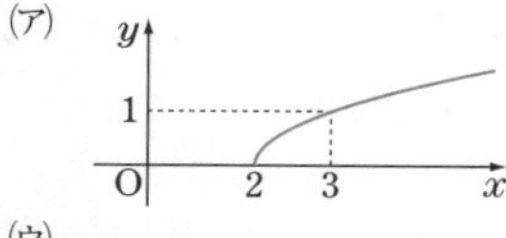

(イ)
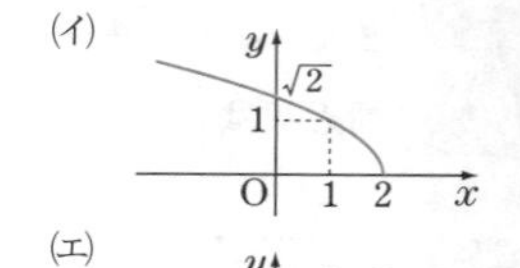

(ウ)
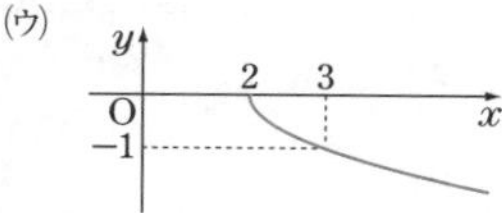

(エ)
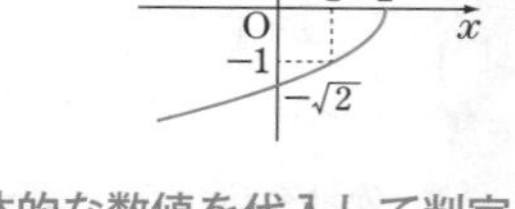

方針 $x=3$，$x=1$ など，具体的な数値を代入して判定するとよい．

22 □ 曲線 $y=\sqrt{2-x}$ と直線 $y=x$ との交点の座標を求めなさい．

方針 2式から y を消去して，両辺を平方する．

▶解の吟味が必要である．

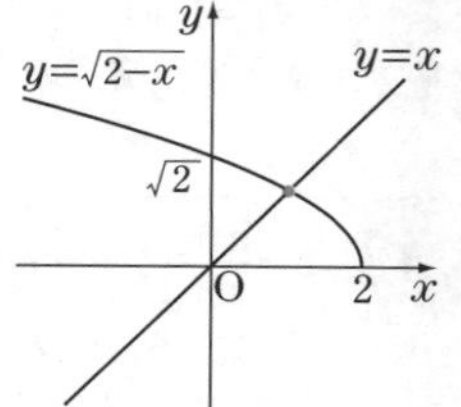

23 □ 不等式 $\sqrt{2-x}>x$ を解きなさい．

方針 曲線 $y=\sqrt{2-x}$ が直線 $y=x$ よりも上方にある部分に対応する x の値の範囲を求める．

24 □ 不等式 $\sqrt{2-x}<x$ を解きなさい．

方針 前問と同様であるが，$\sqrt{2-x}$ の定義域は $x\leqq 2$ であることに注意．

ANSWER

21

(1)　定義域は　$x \geqq 2$　で，値域は　$y \geqq 0$　より　　(ア)
(2)　定義域は　$x \geqq 2$　で，値域は　$y \leqq 0$　より　　(ウ)
(3)　定義域は　$x \leqq 2$　で，値域は　$y \geqq 0$　より　　(イ)
(4)　定義域は　$x \leqq 2$　で，値域は　$y \leqq 0$　より　　(エ)

22

$y=\sqrt{2-x}$　と　$y=x$　とから y を消去して

$$\sqrt{2-x}=x \quad \cdots\cdots①$$

両辺を平方して　$2-x=x^2$

$$x^2+x-2=0$$
$$(x+2)(x-1)=0$$
$$x=-2,\ 1$$

$x=-2$ のとき，①は　$2=-2$　となり不適．
$x=1$ のとき，　①は　$1=1$　　となり適する．
ゆえに，交点の座標は　　**(1，1)**

23

上の問題 22 より，曲線 $y=\sqrt{2-x}$ と直線 $y=x$ との交点の x 座標は 1 である．
$y=\sqrt{2-x}$ のグラフが $y=x$ のグラフよりも上方にあるような x の範囲を求めて

$$x<1$$

24

$y=\sqrt{2-x}$　の定義域は　$x \leqq 2$
$y=\sqrt{2-x}$ のグラフが $y=x$ のグラフよりも下方にあるような x の範囲を求めて

$$1<x \leqq 2$$

7 合成関数と逆関数

25 □

2つの関数 $f(x)=2x-3$, $g(x)=x^2+4$ について，合成関数 $(f\circ g)(x)$, $(g\circ f)(x)$ を求めなさい．

方針 $(f\circ g)(x)=f(g(x))$, $(g\circ f)(x)=g(f(x))$

▶一般に $(f\circ g)(x)\neq(g\circ f)(x)$

---

26 □

関数 $y=\dfrac{3x}{2x-1}$ の逆関数を求めなさい．

方針 $y=\dfrac{3x}{2x-1}$ を x について解き，x と y を入れ換える．

▶$(f\circ g)(x)=x$, $(g\circ f)(x)=x$ ならば，$f^{-1}(x)=g(x)$, $g^{-1}(x)=f(x)$ である．

---

27 □

関数 $y=x^2+1$ $(x\leqq0)$ の逆関数を求めなさい．

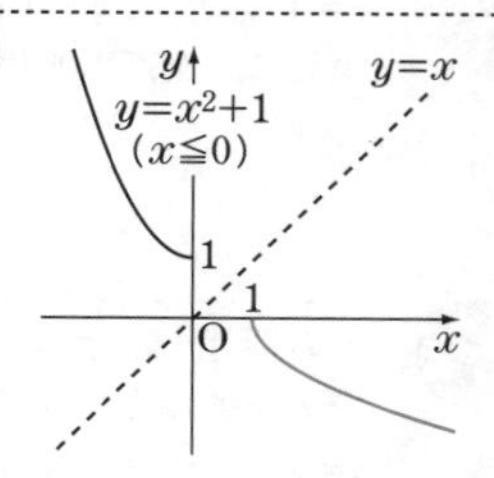

方針 定義域 $x\leqq0$ に注意．

▶$y=f^{-1}(x)$ のグラフと $y=f(x)$ のグラフとは直線 $y=x$ に関して対称である．

---

28 □

1次関数 $f(x)=ax+b$ と，その逆関数 $f^{-1}(x)$ について

$$f(1)=5,\ f^{-1}(1)=-1$$

が成り立つとき，定数 a, b の値を求めなさい．

方針 $f^{-1}(x)$ を求めてもよいが，$f^{-1}(1)=-1$ を $f(x)$ についての条件に書き換えるとよい．

▶ $f^{-1}(p)=q\iff f(q)=p$

ANSWER

25

$(f\circ g)(x)=f(g(x))=2g(x)-3=2(x^2+4)-3$
$=\mathbf{2x^2+5}$

$(g\circ f)(x)=g(f(x))=\{f(x)\}^2+4=(2x-3)^2+4$
$=\mathbf{4x^2-12x+13}$

(参考) $(f\circ g)(x)=f(g(x))=f(x^2+4)=2(x^2+4)-3$
$=2x^2+5$

のようにして求めてもよい．

26

$y=\dfrac{3x}{2x-1}$　より　$2xy-y=3x$

$2xy-3x=y$

$x(2y-3)=y$

$x=\dfrac{y}{2y-3}$

x と y を入れ換えて

$$y=\frac{x}{2x-3}$$

27

$y=x^2+1$　より　$y-1=x^2$　$(y\geqq 1)$

$x\leqq 0$　より　$x=-\sqrt{y-1}$

x と y を入れ換えて

$$y=-\sqrt{x-1}\quad(x\geqq 1)$$

28

$f(1)=5$　より　$a+b=5$　……①

また，$f^{-1}(1)=-1$ より $f(-1)=1$ であるから

$-a+b=1$　……②

①，②を連立させて

$$a=2,\ b=3$$

8 関数の極限(1)

29 □

$\displaystyle\lim_{x\to2}\frac{x^2-x-2}{x^2-4}$ を求めなさい．

方針 約分してから，$x\to2$ とする．

▶ $x=2$ を代入すると，分子＝分母＝0 となる．
分子・分母をそれぞれ因数分解し，約分する．

---

30 □

$\displaystyle\lim_{x\to3}\frac{\sqrt{x+1}-2}{x-3}$ を求めなさい．

方針 分子を有理化してから約分し，$x\to3$ とする．

▶ $\displaystyle\frac{\sqrt{x+1}-2}{x-3}=\frac{(\sqrt{x+1})^2-2^2}{(x-3)(\sqrt{x+1}+2)}=\frac{1}{\sqrt{x+1}+2}$

---

31 □

次の極限・極限値を求めなさい．

(1) $\displaystyle\lim_{x\to\infty}\frac{4x^2-3x}{x^2+2}$　　(2) $\displaystyle\lim_{x\to\infty}\frac{4x-3}{x^2+2}$

(3) $\displaystyle\lim_{x\to\infty}\frac{4x^3-3x}{x^2+2}$

方針 分子・分母を x^2 で割ってから，$x\to\infty$ とする．

▶ $x\to\infty$ のとき，$\displaystyle\frac{1}{x}\to0$，$\displaystyle\frac{1}{x^2}\to0$

---

32 □

$\displaystyle\lim_{x\to\infty}(\sqrt{x+1}-\sqrt{x})$ を求めなさい．

方針 $\displaystyle\frac{\sqrt{x+1}-\sqrt{x}}{1}$ と考え，分子を有理化する．

ANSWER

29

$$\lim_{x\to 2}\frac{x^2-x-2}{x^2-4}=\lim_{x\to 2}\frac{(x-2)(x+1)}{(x-2)(x+2)}=\lim_{x\to 2}\frac{x+1}{x+2}=\frac{3}{4}$$

30

$$\lim_{x\to 3}\frac{\sqrt{x+1}-2}{x-3}=\lim_{x\to 3}\frac{(\sqrt{x+1})^2-2^2}{(x-3)(\sqrt{x+1}+2)}=\lim_{x\to 3}\frac{x-3}{(x-3)(\sqrt{x+1}+2)}=\lim_{x\to 3}\frac{1}{\sqrt{x+1}+2}=\frac{1}{4}$$

31

(1) $\displaystyle\lim_{x\to\infty}\frac{4x^2-3x}{x^2+2}=\lim_{x\to\infty}\frac{4-\frac{3}{x}}{1+\frac{2}{x^2}}=\frac{4}{1}=4$

(2) $\displaystyle\lim_{x\to\infty}\frac{4x-3}{x^2+2}=\lim_{x\to\infty}\frac{\frac{4}{x}-\frac{3}{x^2}}{1+\frac{2}{x^2}}=\frac{0}{1}=0$

(3) $\displaystyle\lim_{x\to\infty}\frac{4x^3-3x}{x^2+2}=\lim_{x\to\infty}\frac{4x-\frac{3}{x}}{1+\frac{2}{x^2}}=\infty$

32

$$\lim_{x\to\infty}(\sqrt{x+1}-\sqrt{x})=\lim_{x\to\infty}\frac{(\sqrt{x+1}-\sqrt{x})(\sqrt{x+1}+\sqrt{x})}{\sqrt{x+1}+\sqrt{x}}=\lim_{x\to\infty}\frac{(\sqrt{x+1})^2-(\sqrt{x})^2}{\sqrt{x+1}+\sqrt{x}}=\lim_{x\to\infty}\frac{1}{\sqrt{x+1}+\sqrt{x}}=0$$

9 関数の極限(2)

33 □

次の極限・極限値を求めなさい.

(1) $\lim_{x \to \infty} 2^x$　　(2) $\lim_{x \to -\infty} 2^x$

(3) $\lim_{x \to \infty} \log_2 x$　　(4) $\lim_{x \to +0} \log_2 x$

方針 グラフを利用するとよい.

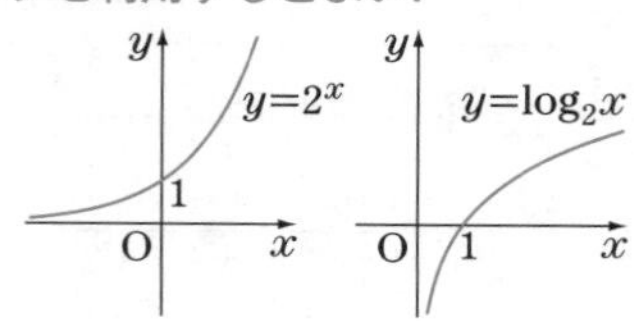

34 □

$$\lim_{x \to \infty} \frac{2^x - 5^x}{3^x + 5^x}$$

を求めなさい.

方針 分子・分母を 5^x で割ってから, $x \to \infty$ とする.

35 □

次の極限・極限値を求めなさい.

(1) $\lim_{x \to +0} 2^{\frac{1}{x}}$　　(2) $\lim_{x \to -0} 2^{\frac{1}{x}}$

方針 $x \to +0$ のとき $\dfrac{1}{x} \to +\infty$

$x \to -0$ のとき $\dfrac{1}{x} \to -\infty$

36 □

$\lim_{h \to 0}(1+h)^{\frac{1}{h}} = e$ を利用して, 次の極限値を求めなさい.

(1) $\lim_{x \to \infty}\left(1+\dfrac{1}{x}\right)^x$　　(2) $\lim_{t \to 0}(1+2t)^{\frac{1}{t}}$

方針 置き換えを利用する.

▶(1) $\dfrac{1}{x} = h$　　(2) $2t = h$

ANSWER

33

(1) $\lim_{x\to\infty} 2^x=\infty$

(2) $\lim_{x\to-\infty} 2^x=\mathbf{0}$

(3) $\lim_{x\to\infty} \log_2 x=\infty$

(4) $\lim_{x\to+0} \log_2 x=-\infty$

34

$$\lim_{x\to\infty}\frac{2^x-5^x}{3^x+5^x}=\lim_{x\to\infty}\frac{\left(\frac{2}{5}\right)^x-1}{\left(\frac{3}{5}\right)^x+1}$$

$$=\frac{0-1}{0+1}=\mathbf{-1}$$

35

(1) $\lim_{x\to+0} 2^{\frac{1}{x}}=\infty$

(2) $\lim_{x\to-0} 2^{\frac{1}{x}}=\mathbf{0}$

（注意）$\lim_{x\to+0}2^{\frac{1}{x}}=2^{\infty}=\infty$，$\lim_{x\to-0} 2^{\frac{1}{x}}=2^{-\infty}=0$

と考えてもよいが，2^{∞} や $2^{-\infty}$ を答案として書いてはいけない．

36

(1) $\lim_{x\to\infty}\left(1+\frac{1}{x}\right)^x=\lim_{h\to+0}(1+h)^{\frac{1}{h}}=\boldsymbol{e}$

(2) $\lim_{t\to0}(1+2t)^{\frac{1}{t}}=\lim_{h\to0}(1+h)^{\frac{2}{h}}$

$$=\lim_{h\to0}\left\{(1+h)^{\frac{1}{h}}\right\}^2$$

$$=\boldsymbol{e^2}$$

10 関数の極限(3)

37

$\lim_{x\to 0}\frac{\sin x}{x}=1$ を利用して，次の極限値を求めなさい．

(1) $\lim_{x\to 0}\frac{\sin 2x}{x}$　　(2) $\lim_{x\to 0}\frac{\sin x^\circ}{x}$

方針 置き換えを利用する．

▶ $x^\circ=\frac{\pi x}{180}$（ラジアン）

38

$\lim_{x\to 0}\frac{\tan 2x}{\sin 3x}$ を求めなさい．

方針 $\tan 2x=\frac{\sin 2x}{\cos 2x}$

39

$\lim_{x\to 0}\frac{1-\cos x}{x^2}$ を求めなさい．

方針 分子・分母に $1+\cos x$ をかけてから，変形する．

★ $1-\cos x=2\sin^2\frac{x}{2}$ を利用してもよい．

40

$\lim_{x\to \infty}\frac{\sin x}{x}$ を求めなさい．

方針 はさみうちの原理の利用．

▶ $0\leqq\left|\frac{\sin x}{x}\right|\leqq\frac{1}{x}$

★ $\lim_{x\to 0}\frac{\sin x}{x}=1$ と混同しないように．

ANSWER

37 □

(1) $\lim_{x\to 0}\frac{\sin 2x}{x}=\lim_{x\to 0}2\cdot\frac{\sin 2x}{2x}=2\cdot 1=2$

(2) $\lim_{x\to 0}\frac{\sin x^\circ}{x}=\lim_{x\to 0}\frac{\sin\frac{\pi x}{180}}{x}$

$$=\lim_{x\to 0}\frac{\pi}{180}\cdot\frac{\sin\frac{\pi x}{180}}{\frac{\pi x}{180}}=\frac{\pi}{180}\cdot 1=\frac{\pi}{180}$$

---

38 □

$$\lim_{x\to 0}\frac{\tan 2x}{\sin 3x}=\lim_{x\to 0}\frac{\frac{\sin 2x}{\cos 2x}}{\sin 3x}=\lim_{x\to 0}\left(\frac{\sin 2x}{\sin 3x}\cdot\frac{1}{\cos 2x}\right)$$

$$=\lim_{x\to 0}\left(\frac{2}{3}\cdot\frac{\frac{\sin 2x}{2x}}{\frac{\sin 3x}{3x}}\cdot\frac{1}{\cos 2x}\right)$$

$$=\frac{2}{3}\cdot\frac{1}{1}\cdot\frac{1}{1}=\frac{2}{3}$$

---

39 □

$$\lim_{x\to 0}\frac{1-\cos x}{x^2}=\lim_{x\to 0}\frac{1^2-\cos^2 x}{x^2(1+\cos x)}=\lim_{x\to 0}\frac{\sin^2 x}{x^2(1+\cos x)}$$

$$=\lim_{x\to 0}\left\{\left(\frac{\sin x}{x}\right)^2\cdot\frac{1}{1+\cos x}\right\}=1^2\cdot\frac{1}{2}=\frac{1}{2}$$

---

40 □

$-1\leqq\sin x\leqq 1$ より $0\leqq|\sin x|\leqq 1$

よって，　$0\leqq\left|\frac{\sin x}{x}\right|\leqq\frac{1}{x}$

$x\to\infty$ のとき　$\frac{1}{x}\to 0$　であるから，

はさみうちの原理より

$$\lim_{x\to\infty}\left|\frac{\sin x}{x}\right|=0$$

ゆえに，　$\lim_{x\to\infty}\frac{\sin x}{x}=0$

11 関数の極限(4)

41 □

$\lim_{x\to 3}\frac{\sqrt{x+1}-a}{x-3}=b$ が成り立つように，定数 a，b の値を定めなさい．

方針 $x\to 3$ のとき，$x-3\to 0$ であるから，
$\sqrt{x+1}-a\to 0$ でなければならない．

▶ a の値を求めてから，あらためて左辺を計算する．

★ $\lim_{x\to 3}(\sqrt{x+1}-a)=\lim_{x\to 3}(x-3)\cdot\frac{\sqrt{x+1}-a}{x-3}$
$=0\cdot b=0$

---

42 □

$\lim_{x\to -\infty}(\sqrt{x^2+x}+x)$ を求めなさい．

方針 $x=-t$ と置き換える．

▶ $x\to -\infty \Longleftrightarrow t\to +\infty$

★ もちろん置き換えなくても計算できるが，
置き換えたほうが安全である．

▶ $\sqrt{t^2-t}-t=\frac{\sqrt{t^2-t}-t}{1}$

$$=\frac{(\sqrt{t^2-t}-t)(\sqrt{t^2-t}+t)}{\sqrt{t^2-t}+t}$$

$$=\frac{-t}{\sqrt{t^2-t}+t}$$

ANSWER

41

$x\to 3$ のとき，分母 $\to 0$ であるから，極限値が存在するためには，分子 $\to 0$ でなければならない．

よって，　$\sqrt{3+1}-a=0$

$$a=2$$

このとき，

$$\lim_{x\to 3}\frac{\sqrt{x+1}-2}{x-3}=\lim_{x\to 3}\frac{(\sqrt{x+1})^2-2^2}{(x-3)(\sqrt{x+1}+2)}$$

$$=\lim_{x\to 3}\frac{x-3}{(x-3)(\sqrt{x+1}+2)}$$

$$=\lim_{x\to 3}\frac{1}{\sqrt{x+1}+2}=\frac{1}{4}$$

ゆえに，　$b=\frac{1}{4}$

42

$x=-t$ とおくと，$x\to -\infty$ のとき $t\to +\infty$ であるから

$$\lim_{x\to -\infty}(\sqrt{x^2+x}+x)=\lim_{t\to +\infty}(\sqrt{t^2-t}-t)$$

$$=\lim_{t\to +\infty}\frac{(\sqrt{t^2-t})^2-t^2}{\sqrt{t^2-t}+t}=\lim_{t\to +\infty}\frac{-t}{\sqrt{t^2-t}+t}$$

$$=\lim_{t\to +\infty}\frac{-1}{\sqrt{1-\frac{1}{t}}+1}=\frac{-1}{1+1}=-\frac{1}{2}$$

(参考) 置き換えないで計算すると，次のようになる．

$$\lim_{x\to -\infty}(\sqrt{x^2+x}+x)=\lim_{x\to -\infty}\frac{(\sqrt{x^2+x}+x)(\sqrt{x^2+x}-x)}{\sqrt{x^2+x}-x}$$

$$=\lim_{x\to -\infty}\frac{x}{\sqrt{x^2+x}-x}=\lim_{x\to -\infty}\frac{x}{|x|\sqrt{1+\frac{1}{x}}-x}$$

$$=\lim_{x\to -\infty}\frac{x}{(-x)\sqrt{1+\frac{1}{x}}-x}$$

$$=\lim_{x\to -\infty}\frac{1}{-\sqrt{1+\frac{1}{x}}-1}=\frac{1}{-1-1}=-\frac{1}{2}$$

12 関数の連続性

43 □

関数 $f(x)=x[x]$ は $x=0$ で連続であることを示しなさい．また，$x=1$ で連続であるかどうか調べなさい．($[x]$：ガウス記号)

方針　関数の連続性の定義にもとづいて考える．

$f(x)$ が $x=a$ で連続 $\Longleftrightarrow \lim_{x\to a} f(x)=f(a)$

▶ $\lim_{x\to a+0} f(x)$, $\lim_{x\to a-0} f(x)$ がともに存在して，$f(a)$ に一致する．

▶ $n \leqq x < n+1$ のとき，$[x]=n$（n は整数）

---

44 □

$x \neq -2$ で定義された関数 $f(x)=\dfrac{x^2-4}{x+2}$ が $x=-2$ でも連続となるように，$f(-2)$ の値を定めなさい．

方針　$\lim_{x\to -2} f(x)$ を求める．

▶ $f(x)=\dfrac{x^2-4}{x+2}$ のままでは，$f(-2)$ は定義されない．

---

45 □

方程式 $x=\cos x$ は開区間 $\left(\dfrac{\pi}{6}, \dfrac{\pi}{4}\right)$ に実数解をもつことを示しなさい．

方針　$f(x)=x-\cos x$ とおいて，$f\left(\dfrac{\pi}{6}\right)$，$f\left(\dfrac{\pi}{4}\right)$ の符号を調べる．

▶ $f(x)$ は連続関数である．中間値の定理を利用する．

---

46 □

3 次方程式 $x^3+bx^2+cx+d=0$ は，少なくとも 1 個の実数解をもつことを示しなさい．

方針　$f(x)=x^3+bx^2+cx+d$ とおき，$\lim_{x\to +\infty} f(x)$，$\lim_{x\to -\infty} f(x)$ を調べる．

▶ $f(x)=x^3\left(1+\dfrac{b}{x}+\dfrac{c}{x^2}+\dfrac{d}{x^3}\right)$

ANSWER

43

$\lim_{x\to+0}(x[x])=\lim_{x\to+0}x\cdot 0=0,\quad \lim_{x\to-0}(x[x])=\lim_{x\to-0}x\cdot(-1)=0$

よって，$\lim_{x\to 0}f(x)=0$ が存在し，$f(0)=0$ に一致するので

$f(x)$ は $x=0$ で連続である．

また，

$$\lim_{x\to 1+0}(x[x])=\lim_{x\to 1+0}x\cdot 1=1,\quad \lim_{x\to 1-0}(x[x])=\lim_{x\to 1-0}x\cdot 0=0$$

より $\lim_{x\to 1}f(x)$ は存在せず，$f(x)$ は $x=1$ で連続でない．

44

$$\lim_{x\to-2}\frac{x^2-4}{x+2}=\lim_{x\to-2}\frac{(x+2)(x-2)}{x+2}=\lim_{x\to-2}(x-2)=-4$$

ゆえに，$f(-2)=-4$ と定めればよい．

45

$f(x)=x-\cos x$ とおくと，$f(x)$ は連続関数であり

$$f\left(\frac{\pi}{6}\right)=\frac{\pi}{6}-\cos\frac{\pi}{6}=\frac{\pi}{6}-\frac{\sqrt{3}}{2}=\frac{\pi-3\sqrt{3}}{6}<0$$

$$f\left(\frac{\pi}{4}\right)=\frac{\pi}{4}-\cos\frac{\pi}{4}=\frac{\pi}{4}-\frac{\sqrt{2}}{2}=\frac{\pi-2\sqrt{2}}{4}>0$$

よって，中間値の定理より，開区間 $\left(\frac{\pi}{6},\ \frac{\pi}{4}\right)$ において

$f(x)=0$ を満たす実数 x が少なくとも1つ存在する．

すなわち，$x=\cos x$ は開区間 $\left(\frac{\pi}{6},\ \frac{\pi}{4}\right)$ に実数解をもつ．

46

$f(x)=x^3+bx^2+cx+d$ は連続関数であり

$$\lim_{x\to+\infty}f(x)=\lim_{x\to+\infty}x^3\left(1+\frac{b}{x}+\frac{c}{x^2}+\frac{d}{x^3}\right)=+\infty$$

$$\lim_{x\to-\infty}f(x)=\lim_{x\to-\infty}x^3\left(1+\frac{b}{x}+\frac{c}{x^2}+\frac{d}{x^3}\right)=-\infty$$

ゆえに，中間値の定理より，3次方程式 $f(x)=0$ は少なくとも1個の実数解をもつ．

13 微分法の公式

47 次の関数を微分しなさい.

(1) $f(x)=3x^5+2x^4-5x^3$　(2) $g(x)=\dfrac{1}{x}$

(3) $h(x)=\sqrt{x}$

方針 ・$\{pf(x)+qg(x)\}'=pf'(x)+qg'(x)$
・$(x^n)'=nx^{n-1}$　(n は実数)

48 次の関数を微分しなさい.

(1) $f(x)=(x^2-1)(x^3+1)$　(2) $g(x)=\dfrac{x}{x^2+1}$

方針 ・$\{f(x)g(x)\}'=f'(x)g(x)+f(x)g'(x)$
・$\left\{\dfrac{f(x)}{g(x)}\right\}'=\dfrac{f'(x)g(x)-f(x)g'(x)}{\{g(x)\}^2}$

49 次の関数を微分しなさい.

(1) $f(x)=(2x+3)^5$　(2) $g(x)=(x^2+3x-2)^4$

方針 ・$\{(ax+b)^n\}'=na(ax+b)^{n-1}$
・$[\{f(x)\}^n]'=n\{f(x)\}^{n-1}\cdot f'(x)$

50 工夫して，次の関数を微分しなさい.

(1) $f(x)=\dfrac{x^2}{x+1}$　(2) $g(x)=\dfrac{1}{\sqrt{x^2+1}+x}$

方針 いろいろな変形を行ってから，微分法の公式を用いる.

▶分数関数：分子を分母で割って変形する.

▶無理関数：分母を有理化する.

A N S W E R

47

(1) $f'(x)=3\cdot5x^4+2\cdot4x^3-5\cdot3x^2$
$=\mathbf{15x^4+8x^3-15x^2}$

(2) $g'(x)=(x^{-1})'=(-1)\cdot(x^{-2})=-\dfrac{1}{x^2}$

(3) $h'(x)=\left(x^{\frac{1}{2}}\right)'=\dfrac{1}{2}x^{-\frac{1}{2}}=\dfrac{1}{2\sqrt{x}}$

(参考) 答には，負の指数や有理数の指数を含まないようにするとよい．

48

(1) $f'(x)=2x\cdot(x^3+1)+(x^2-1)\cdot3x^2=\mathbf{5x^4-3x^2+2x}$

(2) $g'(x)=\dfrac{1\cdot(x^2+1)-x\cdot2x}{(x^2+1)^2}=\dfrac{1-x^2}{(x^2+1)^2}$

(参考) (2)は，$g'(x)=-\dfrac{(x+1)(x-1)}{(x^2+1)^2}$ と答えてもよい．

49

(1) $f'(x)=5\cdot2\cdot(2x+3)^4=\mathbf{10(2x+3)^4}$

(2) $g'(x)=\mathbf{4(x^2+3x-2)^3(2x+3)}$

(参考) 上の結果を展開する必要はない．

50

(1) $f(x)=\dfrac{x^2}{x+1}=x-1+\dfrac{1}{x+1}$

$f'(x)=1-\dfrac{1}{(x+1)^2}=\dfrac{x(x+2)}{(x+1)^2}$

(2) $g(x)=\dfrac{\sqrt{x^2+1}-x}{(\sqrt{x^2+1}+x)(\sqrt{x^2+1}-x)}$
$=\sqrt{x^2+1}-x$

$g'(x)=\dfrac{2x}{2\sqrt{x^2+1}}-1=\dfrac{x}{\sqrt{x^2+1}}-1$
$=\dfrac{x-\sqrt{x^2+1}}{\sqrt{x^2+1}}$

14 導関数の計算

51 □

次の関数を微分しなさい.

(1) $f(x)=\sin x-\cos x$　　(2) $g(x)=\tan x$

(3) $h(x)=\dfrac{1}{\tan x}$　　(4) $k(x)=e^{x}+\log x$

方針 ・$(\sin x)'=\cos x$, $(\cos x)'=-\sin x$

・$\tan x=\dfrac{\sin x}{\cos x}$, $\dfrac{1}{\tan x}=\dfrac{\cos x}{\sin x}$ と変形してから公式を利用する.

・$(e^{x})'=e^{x}$, $(\log x)'=\dfrac{1}{x}$, $(\log|x|)'=\dfrac{1}{x}$

---

52 □

次の関数を微分しなさい.

(1) $f(x)=\sin 2x+\cos 3x$　　(2) $g(x)=e^{4x}-\log 5x$

方針 合成関数の微分法の利用.

▶ $\{f(g(x))\}'=f'(g(x))\cdot g'(x)$

▶ $(\log ax)'=\dfrac{a}{ax}=\dfrac{1}{x}$

---

53 □

次の関数を微分しなさい.

(1) $f(x)=\sin^{3} x-\cos^{3} x$　　(2) $g(x)=(\log x)^{4}$

(3) $h(x)=\log|\cos x|$

方針 これも，合成関数の微分法の利用.

---

54 □

関数 $f(x)=Ae^{x}\sin x+Be^{x}\cos x$ を微分したら，$f'(x)=e^{x}\sin x$ となった．定数 A，B の値を求めなさい.

方針 $f(x)$ を微分して $f'(x)$ を求め，$e^{x}\sin x$ と係数比較して A，B についての連立方程式を立てて解く.

ANSWER

51

(1) $f'(x)=\cos x-(-\sin x)=\cos x+\sin x$

(2) $g'(x)=(\tan x)'=\left(\dfrac{\sin x}{\cos x}\right)'$

$=\dfrac{\cos x\cdot\cos x-\sin x\cdot(-\sin x)}{\cos^2 x}=\dfrac{1}{\cos^2 x}$

(3) $h'(x)=\left(\dfrac{1}{\tan x}\right)'=\left(\dfrac{\cos x}{\sin x}\right)'$

$=\dfrac{(-\sin x)\cdot\sin x-\cos x\cdot\cos x}{\sin^2 x}=-\dfrac{1}{\sin^2 x}$

(4) $k'(x)=e^x+\dfrac{1}{x}$

52

(1) $f'(x)=2\cos 2x-3\sin 3x$

(2) $g'(x)=4e^{4x}-\dfrac{1}{5x}\cdot 5=4e^{4x}-\dfrac{1}{x}$

(参考) $g(x)=e^{4x}-(\log 5+\log x)$

$g'(x)=4e^{4x}-\left(0+\dfrac{1}{x}\right)=4e^{4x}-\dfrac{1}{x}$

53

(1) $f'(x)=3\sin^2 x\cos x-3\cos^2 x\cdot(-\sin x)$

$=3\sin^2 x\cos x+3\cos^2 x\sin x$

$=3\sin x\cos x(\sin x+\cos x)$

(2) $g'(x)=4(\log x)^3\cdot\dfrac{1}{x}=\dfrac{4(\log x)^3}{x}$

(3) $h'(x)=\dfrac{1}{\cos x}\cdot(-\sin x)=-\tan x$

54

$f'(x)=A(e^x\sin x+e^x\cos x)+B\{e^x\cos x+e^x(-\sin x)\}$

$=e^x\{(A-B)\sin x+(A+B)\cos x\}$

よって，　$A-B=1$　かつ　$A+B=0$

ゆえに，　$A=\dfrac{1}{2}$，$B=-\dfrac{1}{2}$

(参考) この結果を次のように利用する．

$$\int e^x\sin x\,dx=\frac{1}{2}e^x(\sin x-\cos x)+C$$

15 いろいろな微分法

55

関数 $f(x)=x^3+2x$ の逆関数 $f^{-1}(x)$ の $x=3$ における微分係数を求めなさい.

方針 $y=f(x)$ のグラフと $y=f^{-1}(x)$ のグラフは, 直線 $y=x$ に関して対称であることを利用する.

56

関数 $f(x)=x^x$ $(x>0)$ の導関数を求めなさい.

方針 両辺の対数をとってから微分する.

▶ $\dfrac{d}{dx}\{\log f(x)\}=\dfrac{f'(x)}{f(x)}$

57

媒介変数 t によって, 変数 x, y が $\begin{cases} x=a\cos t \\ y=b\sin t \end{cases}$

$(a$, b は定数$)$ と表されているとき, $\dfrac{dy}{dx}$ を求めなさい.

方針 媒介変数の微分法を利用する.

▶ $\dfrac{dy}{dx}=\dfrac{\dfrac{dy}{dt}}{\dfrac{dx}{dt}}$

58

方程式 $x^2+xy+y^2=3$ で定められる x の関数 y について, $\dfrac{dy}{dx}$ を求めなさい.

方針 両辺を x について微分する.

▶ $\dfrac{d}{dx}y^2=2y\cdot\dfrac{dy}{dx}$

ANSWER

55

$$f'(x)=3x^2+2$$

$x^3+2x=3$ となるのは $x=1$ のみである.

$$f'(1)=3+2=5$$

ゆえに，求める微分係数は

$$\frac{1}{5}$$

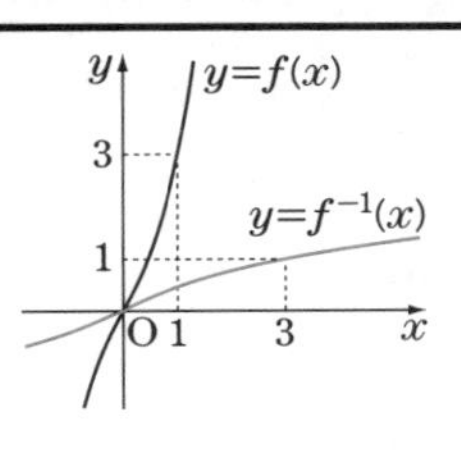

56

両辺の対数をとると

$$\log f(x)=\log x^x=x\log x$$

両辺を x で微分して

$$\frac{f'(x)}{f(x)}=1\cdot\log x+x\cdot\frac{1}{x}=\log x+1$$

ゆえに，$f'(x)=f(x)(\log x+1)$

$$=x^x(\log x+1)$$

（参考） $x^x=(e^{\log x})^x=e^{x\log x}$ であるから

$$(x^x)'=e^{x\log x}\cdot\left(1\cdot\log x+x\cdot\frac{1}{x}\right)=x^x(\log x+1)$$

57

$$\frac{dx}{dt}=-a\sin t$$

$$\frac{dy}{dt}=b\cos t$$

ゆえに，$\dfrac{dy}{dx}=\dfrac{\frac{dy}{dt}}{\frac{dx}{dt}}=\dfrac{b\cos t}{-a\sin t}=-\dfrac{b\cos t}{a\sin t}$

（参考） $\dfrac{dy}{dx}=-\dfrac{b}{a\tan t}$ と答えてもよい.

58

$x^2+xy+y^2=3$　の両辺を x で微分して

$$2x+\left(1\cdot y+x\cdot\frac{dy}{dx}\right)+2y\cdot\frac{dy}{dx}=0$$

$$(x+2y)\cdot\frac{dy}{dx}=-(2x+y)$$

ゆえに，$\dfrac{dy}{dx}=-\dfrac{2x+y}{x+2y}$

16 微分係数と導関数

59 □

関数 $f(x)$ が $x=a$ で微分可能であるとき，次の値を $f'(a)$ を用いて表しなさい.

$$\lim_{h\to 0}\frac{f(a+2h)-f(a)}{h}$$

方針 微分係数の定義 $f'(a)=\lim_{h\to 0}\frac{f(a+h)-f(a)}{h}$ に結びつける.

▶ $2h=k$ とおく.

---

60 □

関数 $f(x)=x|x|$ は $x=0$ で微分可能であることを証明しなさい.

方針 $x=0$ における右微分係数および左微分係数がともに存在し，それらが一致することを示す.

▶ 右微分係数　$f'_{+}(a)=\lim_{h\to +0}\frac{f(a+h)-f(a)}{h}$

左微分係数　$f'_{-}(a)=\lim_{h\to -0}\frac{f(a+h)-f(a)}{h}$

---

61 □

関数 $f(x)=xe^x$ の第 3 次導関数 $f^{(3)}(x)$ を求めなさい.

方針 $f'(x)$，$f''(x)$，$f^{(3)}(x)$ の順に計算する.

---

62 □

多項式 $f(x)$ を 2 次式 $(x-1)^2$ で割った余りは

$$f'(1)(x-1)+f(1)$$

となることを証明しなさい.

方針 $f(x)=(x-1)^2g(x)+p(x-1)+q$ とおいて，両辺を x で微分する.

ANSWER

59

$2h=k$ とおくと，$h\to0$ のとき $k\to0$ であるから

$$\lim_{h\to0}\frac{f(a+2h)-f(a)}{h}=\lim_{k\to0}\frac{f(a+k)-f(a)}{\frac{k}{2}}$$
$$=2\lim_{k\to0}\frac{f(a+k)-f(a)}{k}$$
$$=2f'(a)$$

60

$$f'_+(0)=\lim_{h\to+0}\frac{f(0+h)-f(0)}{h}=\lim_{h\to+0}\frac{h|h|-0}{h}$$
$$=\lim_{h\to+0}\frac{h\cdot h}{h}=\lim_{h\to+0}h=0$$
$$f'_-(0)=\lim_{h\to-0}\frac{f(0+h)-f(0)}{h}=\lim_{h\to-0}\frac{h|h|-0}{h}$$
$$=\lim_{h\to-0}\frac{h\cdot(-h)}{h}=\lim_{h\to-0}(-h)=0$$

ゆえに，$f(x)=x|x|$ は $x=0$ で微分可能である．

61

$f(x)=xe^x$

$f'(x)=1\cdot e^x+x\cdot e^x=(1+x)e^x$

$f''(x)=1\cdot e^x+(1+x)\cdot e^x=(2+x)e^x$

$f^{(3)}(x)=1\cdot e^x+(2+x)\cdot e^x=(3+x)e^x$

(参考) $f^{(n)}(x)=(n+x)e^x$ であると予測できる．

証明は，数学的帰納法を利用する．

62

$$f(x)=(x-1)^2g(x)+p(x-1)+q \quad \cdots\cdots①$$

とおいて，両辺を x で微分すると

$$f'(x)=2(x-1)g(x)+(x-1)^2g'(x)+p \quad \cdots\cdots②$$

①，②に $x=1$ を代入して

$$\begin{cases} f(1)=q \\ f'(1)=p \end{cases}$$

ゆえに，求める余りは　$f'(1)(x-1)+f(1)$

17 接線と法線

63 □ 曲線 $y=e^x$ 上の点 $(0,\ 1)$ における接線を求めなさい.

方針 接線の公式を利用する.

> 曲線 $y=f(x)$ 上の点 $(a,\ f(a))$ における接線は
> $$y-f(a)=f'(a)(x-a)$$

64 □ 曲線 $y=\log x$ 上の点 $(1,\ 0)$ における法線を求めなさい.

方針 法線は接線と垂直であるから，傾きは $-\dfrac{1}{f'(a)}$

> 曲線 $y=f(x)$ 上の点 $(a,\ f(a))$ における法線は
> $$y-f(a)=-\frac{1}{f'(a)}(x-a)$$

65 □ 曲線 $\dfrac{x^2}{8}+\dfrac{y^2}{2}=1$ 上の点 $(2,\ 1)$ における接線を求めなさい.

方針 陰関数の微分法を利用する.

▶ $Ax^2+By^2=C$ より $2Ax+2By\dfrac{dy}{dx}=0$

よって，$\dfrac{dy}{dx}=-\dfrac{Ax}{By}$

66 □ 媒介変数 t を用いて $\begin{cases} x=2t \\ y=t^2 \end{cases}$ で表される曲線上の点 $(6,\ 9)$ における接線を求めなさい.

方針 媒介変数の微分法を利用する.

▶ $\dfrac{dy}{dx}=\dfrac{\frac{dy}{dt}}{\frac{dx}{dt}}$

▶ 点 $(6,\ 9)$ に対応する t の値も必要となる.

A N S W E R

63

$y=e^x$　より，　$y'=e^x$

(0，1) における接線は

$$y-1=e^0(x-0)$$

すなわち，　$y=x+1$

64

$y=\log x$　より，　$y'=\frac{1}{x}$

(1，0) における法線は

$$y-0=-\frac{1}{1}(x-1)$$

すなわち，　$y=-x+1$

65

$\frac{x^2}{8}+\frac{y^2}{2}=1$ の両辺を x で微分して

$\frac{x}{4}+y\cdot\frac{dy}{dx}=0$　　よって，$\frac{dy}{dx}=-\frac{x}{4y}$

(2，1) における接線は

$$y-1=-\frac{2}{4\cdot1}(x-2)$$

すなわち，　$y=-\frac{1}{2}x+2$

（注意）y^2 を x で微分すると　$\frac{d}{dx}y^2=2y\frac{dy}{dx}$

66

$\frac{dx}{dt}=2$，$\frac{dy}{dt}=2t$

よって，　$\frac{dy}{dx}=\frac{\frac{dy}{dt}}{\frac{dx}{dt}}=\frac{2t}{2}=t$

$x=6$，$y=9$ となるのは，$t=3$ のときであるから，

(6，9) における接線は

$$y-9=3(x-6)$$

すなわち，　$y=3x-9$

（参考） この曲線は，放物線 $y=\frac{1}{4}x^2$ である．

18 いろいろな接線

67 □

曲線 $y=e^{x-2}$ の接線のうち，点 $(1,\ 0)$ を通るものを求めなさい．

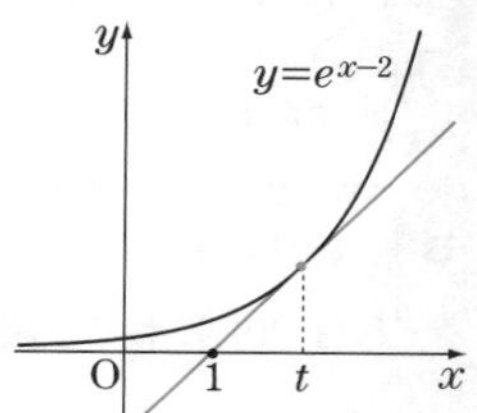

方針 接点の x 座標を t とおく．

▶ まず，接点 $(t,\ e^{t-2})$ における接線の方程式を求める．

▶ その方程式に $x=1$，$y=0$ を代入して，t の値を求める．

68 □

曲線 $y=\log x$ と曲線 $y=ax^2$ とは，1 点を共有し，その点において共通の接線をもつ．a の値を求めなさい．

方針 共有点の x 座標を t とおいて，共有点における

(i) y 座標

(ii) 接線の傾き

がそれぞれ等しいことを利用する．

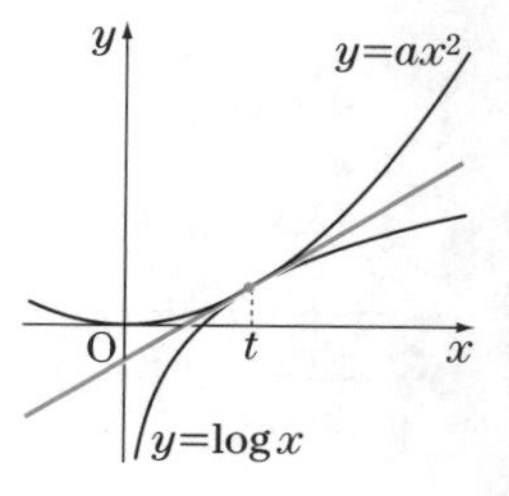

▶ $f(x)=\log x$，　$g(x)=ax^2$ とおくと

(i) $f(t)=g(t)$

(ii) $f'(t)=g'(t)$

を連立させて，t および a の値を求める．

ANSWER

67

$y=e^{x-2}$　より　$y'=e^{x-2}$

接点 $(t,\ e^{t-2})$ における接線は

$$y-e^{t-2}=e^{t-2}(x-t)$$

すなわち，　$y=e^{t-2}x-(t-1)e^{t-2}$　……①

これが点 $(1,\ 0)$ を通る条件は

$$0=e^{t-2}-(t-1)e^{t-2}$$

$$0=(2-t)e^{t-2}$$

$e^{t-2}>0$　より　$t=2$

①に代入して

$$y=e^{0}x-(2-1)e^{0}$$

すなわち，　$\boldsymbol{y=x-1}$

68

$y=\log x$　より　$y'=\dfrac{1}{x}$

$y=ax^2$　より　$y'=2ax$

接点の x 座標を t とすると，この点において共通の接線をもつことから

$$\begin{cases} \log t=at^2 & \cdots\cdots ①\ (y\text{座標が一致}) \\ \dfrac{1}{t}=2at & \cdots\cdots ②\ (\text{接線の傾きが一致}) \end{cases}$$

②より　$at^2=\dfrac{1}{2}$　……③

これを①に代入して

$$\log t=\frac{1}{2}$$

$$t=e^{\frac{1}{2}}=\sqrt{e}$$

これを③に代入して　$ae=\dfrac{1}{2}$

ゆえに，　$\boldsymbol{a=\dfrac{1}{2e}}$

（参考） 共通の接線は

$$y=\frac{1}{\sqrt{e}}x-\frac{1}{2}$$

19 平均値の定理

69 □

関数 $f(x)=x^2$ について

$$\frac{f(b)-f(a)}{b-a}=f'(c)$$

を満たす c を a, b で表しなさい.

方針 左辺と右辺をそれぞれ計算し，それらが等しいことから c を a, b で表す.

▶右のグラフで，直線 AB に平行な接線の接点の x 座標が c である.

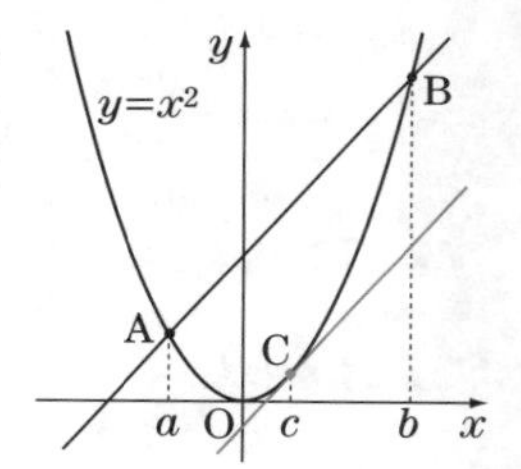

70 □

平均値の定理を利用して，次の不等式を証明しなさい.

$a>0$ のとき

$$\frac{1}{a+1}<\log(a+1)-\log a<\frac{1}{a}$$

方針 関数 $f(x)=\log x$ について，区間 $[a,\ a+1]$ で平均値の定理を適用する.

平均値の定理

関数 $f(x)$ が区間 $[a,\ b]$ で微分可能であるならば

$$\frac{f(b)-f(a)}{b-a}=f'(c)$$

$(a<c<b)$

を満たす実数 c が存在する.

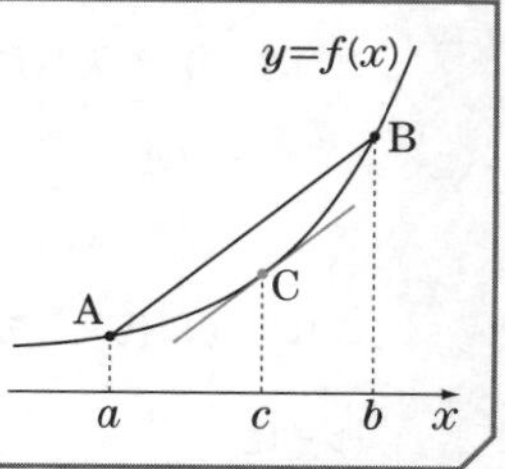

ANSWER

69

関数 $f(x)=x^2$ について

$$\frac{f(b)-f(a)}{b-a}=\frac{b^2-a^2}{b-a}=\frac{(b-a)(b+a)}{b-a}=a+b$$

また，$f'(x)=2x$ であるから

$$f'(c)=2c$$

よって，$\dfrac{f(b)-f(a)}{b-a}=f'(c)$ より

$$a+b=2c$$

ゆえに，$$c=\frac{a+b}{2}$$

70

$f(x)=\log x$ とおくと，$f(x)$ は $x>0$ において微分可能で

$$f'(x)=\frac{1}{x}$$

区間 $[a,\ a+1]$ において，平均値の定理より

$$\frac{f(a+1)-f(a)}{(a+1)-a}=f'(c)$$

すなわち，$\log(a+1)-\log a=\dfrac{1}{c}$ ……①

を満たす $c\ (a<c<a+1)$ が存在する．

ところが，$f'(x)=\dfrac{1}{x}$ は減少関数であるから，

$a<c<a+1$ より

$$\frac{1}{a}>\frac{1}{c}>\frac{1}{a+1}$$

すなわち，$$\frac{1}{a+1}<\frac{1}{c}<\frac{1}{a}$$ ……②

①，②より

$$\frac{1}{a+1}<\log(a+1)-\log a<\frac{1}{a}$$

20 関数の増減と極値(1)

71 □

次の関数の極値を求めなさい.

$$f(x)=\frac{1}{x^2+1}$$

方針 $f'(x)$ を求め，増減表をかく.

▶ $\left(\frac{1}{g(x)}\right)'=-\frac{g'(x)}{\{g(x)\}^2}$

> 微分可能な関数 $f(x)$ が，区間 I において
> $f'(x)>0$ ならば，$f(x)$ は増加する.
> $f'(x)<0$ ならば，$f(x)$ は減少する.
> $f'(x)=0$ ならば，$f(x)$ は定数である.

---

72 □

次の関数の極値を求めなさい.

$$g(x)=x-\sqrt{x}$$

方針 関数の定義域に注意して，増減表をかく.

▶ $(x^n)'=nx^{n-1}$ (n は実数)

▶ $(\sqrt{x})'=\left(x^{\frac{1}{2}}\right)'=\frac{1}{2\sqrt{x}}$

> $f'(a)=0$ であり，x が増加しながら a を通過するとき
> $f'(x)$ の値が $+$ から $-$ に変われば，$f(a)$ は極大値
> $f'(x)$ の値が $-$ から $+$ に変われば，$f(a)$ は極小値

ANSWER

71

$$f'(x)=-\frac{2x}{(x^2+1)^2}$$

$x^2+1>0$ に注意すると，$f(x)$ の増減は次の表のようになる．

x	$\cdots$	0	$\cdots$
$f'(x)$	$+$	0	$-$
$f(x)$	↗		↘

ゆえに

極大値　$f(0)=1$

極小値　なし

72

関数 $g(x)$ の定義域は，$x\geqq 0$ である．

$x>0$ において

$$g'(x)=1-\frac{1}{2\sqrt{x}}=\frac{2\sqrt{x}-1}{2\sqrt{x}}$$

$$2\sqrt{x}-1=0 \quad より \quad x=\frac{1}{4}$$

$g(x)$ の増減は次の表のようになる．

x	0	$\cdots$	$\frac{1}{4}$	$\cdots$
$g'(x)$	／	$-$	0	$+$
$g(x)$		↘		↗

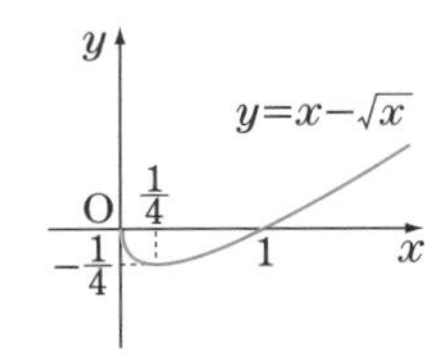

ゆえに

極小値　$g\left(\frac{1}{4}\right)=-\frac{1}{4}$

極大値　なし

（注意）$g(0)=0$ は極大値とは言わない．

21 関数の増減と極値(2)

73 □

次の関数の極値を求めなさい．

$$g(x)=e^x+e^{-x}$$

方針 $g(x)$ は偶関数であるから，グラフは y 軸に関して対称になる．

▶ $(e^x)'=e^x$，$(e^{-x})'=-e^{-x}$

---

74 □

次の関数の極値を求めなさい．

$$f(x)=(1+\cos x)\sin x \quad (0\leqq x\leqq 2\pi)$$

方針 指定された定義域において，増減表をかく．

▶ $\{f(x)g(x)\}'=f'(x)g(x)+f(x)g'(x)$

▶ $(\sin x)'=\cos x$

▶ $(\cos x)'=-\sin x$

▶ $f'(x)$ を $\cos x$ で表す．

（注意） $f(\pi)=0$ は極大値でも極小値でもない．

ANSWER

73

$$g'(x)=e^x-e^{-x}=e^x-\frac{1}{e^x}=\frac{(e^x)^2-1}{e^x}=\frac{(e^x+1)(e^x-1)}{e^x}$$

$e^x>0$ より，$g'(x)=0$ となるのは，$e^x=1$ となるときであるから　$x=0$

よって，$g(x)$ の増減は次の表のようになる．

x	$\cdots$	0	$\cdots$
$g'(x)$	$-$	0	$+$
$g(x)$	↘		↗

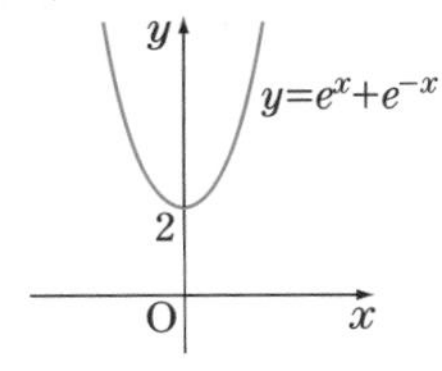

ゆえに，**極小値**　$g(0)=2$
　　　極大値　**なし**

74

$$f'(x)=(-\sin x)\cdot\sin x+(1+\cos x)\cdot\cos x$$
$$=-\sin^2 x+(1+\cos x)\cos x$$
$$=-(1-\cos^2 x)+(1+\cos x)\cos x$$
$$=(1+\cos x)\{-(1-\cos x)+\cos x\}$$
$$=(\cos x+1)(2\cos x-1)$$

$0\leqq x\leqq 2\pi$ において　$f'(x)=0$ とすると

$\cos x+1=0$　より　$x=\pi$

$2\cos x-1=0$　より　$x=\frac{\pi}{3},\ \frac{5\pi}{3}$

また，$\cos x+1\geqq 0$ に注意すると，$f(x)$ の増減は次の表のようになる．

x	0	$\cdots$	$\frac{\pi}{3}$	$\cdots$	π	$\cdots$	$\frac{5\pi}{3}$	$\cdots$	2π
$f'(x)$		$+$	0	$-$	0	$-$	0	$+$	
$f(x)$		↗		↘		↘		↗	

ゆえに

極大値　$f\left(\frac{\pi}{3}\right)=\frac{3\sqrt{3}}{4}$

極小値　$f\left(\frac{5\pi}{3}\right)=-\frac{3\sqrt{3}}{4}$

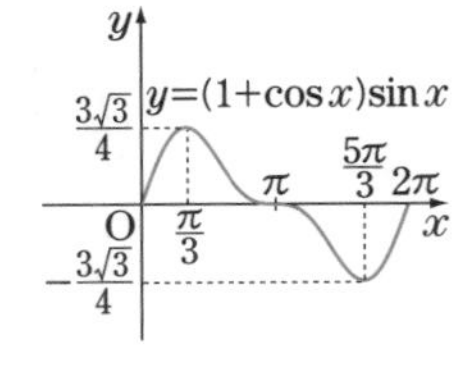

22 グラフの凹凸と変曲点(1)

75 □

次の関数のグラフの変曲点を求めなさい.

$$f(x)=x(x-3)^2$$

方針 第2次導関数 $f''(x)=0$ となる点を捜す.

▶ $f''(x)>0$ となる区間では，グラフは下に凸
　$f''(x)<0$ となる区間では，グラフは上に凸

76 □

次の関数のグラフの変曲点を求めなさい.

$$g(x)=x^4-4x^3+3$$

方針 第2次導関数の符号から，グラフの凹凸を判断する.

▶ $x=a$ の前後で $g''(x)$ の符号が変化すれば，
　$(a,\ g(a))$ は変曲点である.

x	…	a	…
$g''(x)$	$+$	0	$-$
$g(x)$	∪	変曲点	∩

∩：上に凸
∪：下に凸

x	…	a	…
$g''(x)$	$-$	0	$+$
$g(x)$	∩	変曲点	∪

ANSWER

75

$$f(x)=x(x-3)^2=x^3-6x^2+9x$$
$$f'(x)=3x^2-12x+9=3(x-1)(x-3)$$
$$f''(x)=6x-12=6(x-2)$$

よって，$y=f(x)$ のグラフの凹凸は次の表のようになる．

x	$\cdots$	2	$\cdots$
$f''(x)$	$-$	0	$+$
$f(x)$	$\cap$	2	$\cup$

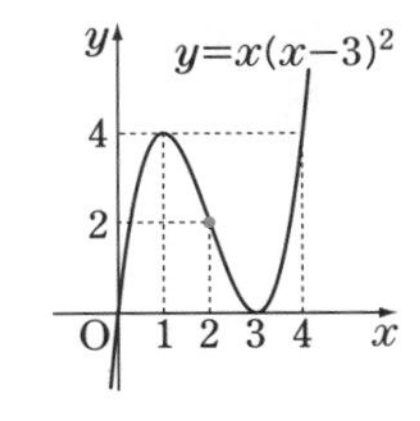

$\cap$ は上に凸であることを表し，$\cup$ は下に凸であることを表す．
したがって，$y=f(x)$ のグラフの変曲点は

$(2,\ 2)$

(参考) 次のように計算することもできる．

$$f(x)=x(x-3)^2$$
$$f'(x)=1\cdot(x-3)^2+x\cdot2(x-3)=3(x-1)(x-3)$$
$$f''(x)=3\{1\cdot(x-3)+(x-1)\cdot1\}=6(x-2)$$

76

$$g'(x)=4x^3-12x^2=4x^2(x-3)$$
$$g''(x)=12x^2-24x=12x(x-2)$$

よって，$y=g(x)$ のグラフの凹凸は次の表のようになる．

x	$\cdots$	0	$\cdots$	2	$\cdots$
$g''(x)$	$+$	0	$-$	0	$+$
$g(x)$	$\cup$	3	$\cap$	-13	$\cup$

したがって，$y=g(x)$ のグラフの変曲点は

$(0,\ 3)$，$(2,\ -13)$

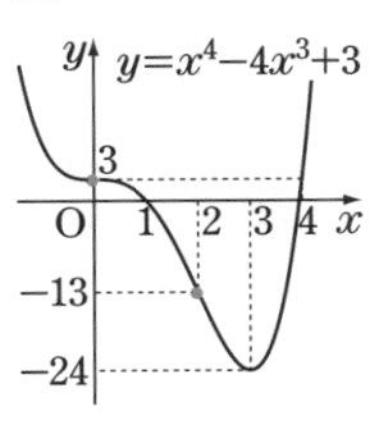

23 グラフの凹凸と変曲点(2)

77 □ 次の関数のグラフの変曲点を求めなさい．

$$f(x)=xe^{-x}$$

方針 これも，第 2 次導関数の符号から，グラフの凹凸を判断する．

▶ $\{f(x)g(x)\}'=f'(x)g(x)+f(x)g'(x)$

▶ $(e^{-x})'=-e^{-x}$

78 □ 次の関数のグラフの変曲点を求めなさい．

$$g(x)=\frac{\log x}{x}$$

方針 関数の定義域に注意し，$g''(x)$ の符号からグラフの凹凸を判断する．

▶ $\log x$ の定義域は $x>0$

▶ $\left\{\dfrac{f(x)}{g(x)}\right\}'=\dfrac{f'(x)g(x)-f(x)g'(x)}{\{g(x)\}^2}$

ANSWER

77

$$f'(x)=1\cdot e^{-x}+x\cdot(-e^{-x})=(1-x)e^{-x}$$
$$f''(x)=(-1)\cdot e^{-x}+(1-x)\cdot(-e^{-x})=(x-2)e^{-x}$$

よって，$y=f(x)$ のグラフの凹凸は次の表のようになる．

x	$\cdots$	2	$\cdots$
$f''(x)$	$-$	0	$+$
$f(x)$	$\cap$	$\dfrac{2}{e^2}$	$\cup$

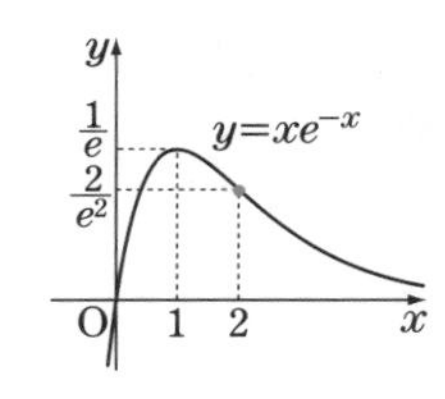

したがって，$y=f(x)$ のグラフの変曲点は

$$\left(2,\ \frac{2}{e^2}\right)$$

78

$g(x)$ の定義域は，$x>0$ である．

$$g'(x)=\frac{\frac{1}{x}\cdot x-\log x\cdot 1}{x^2}=\frac{1-\log x}{x^2}$$

$$g''(x)=\frac{\left(-\frac{1}{x}\right)\cdot x^2-(1-\log x)\cdot 2x}{x^4}=\frac{2\log x-3}{x^3}$$

$2\log x-3=0$ より　　$x=e^{\frac{3}{2}}=\sqrt{e^3}=e\sqrt{e}$

よって，$y=g(x)$ のグラフの凹凸は次の表のようになる．

x	0	$\cdots$	$e\sqrt{e}$	$\cdots$
$g''(x)$		$-$	0	$+$
$g(x)$		$\cap$	$\dfrac{3}{2e\sqrt{e}}$	$\cup$

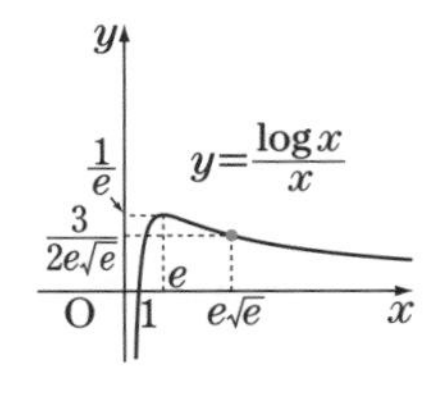

したがって，$y=g(x)$ のグラフの変曲点は

$$\left(e\sqrt{e},\ \frac{3}{2e\sqrt{e}}\right)$$

24 グラフの漸近線

79 □ 曲線 $y=\dfrac{x^2}{x-1}$ の漸近線を求めなさい.

方針 変形してから，関数の定義域および $x\to\infty$，$x\to-\infty$ のときのグラフのようすを調べる.

▶分数関数においては，分母$=0$ となる x の値に注意する.

---

80 □ 直線 $y=x$ は曲線 $y=\sqrt{x^2+1}$ の漸近線であることを確かめなさい.

方針 $\lim\limits_{x\to\infty}(\sqrt{x^2+1}-x)=0$ を示す.

▶曲線 $y=\sqrt{x^2+1}$ の漸近線は

$$y=x \quad \text{および} \quad y=-x$$

である.

▶曲線 $y=\sqrt{x^2+1}$ は

$$\text{双曲線} \quad x^2-y^2=-1$$

の $y>0$ の部分である.

ANSWER

79 □

$$y=\frac{x^2}{x-1}=x+1+\frac{1}{x-1}$$

$x\to 1+0$ のとき $y\to +\infty$

$x\to 1-0$ のとき $y\to -\infty$

また，$x\to +\infty$ または $x\to -\infty$ のとき

$$\frac{1}{x-1}\to 0$$

であるから，

$$\lim_{x\to\pm\infty}\left\{\frac{x^2}{x-1}-(x+1)\right\}=0$$

ゆえに，この曲線の漸近線は

$x=1$，$y=x+1$

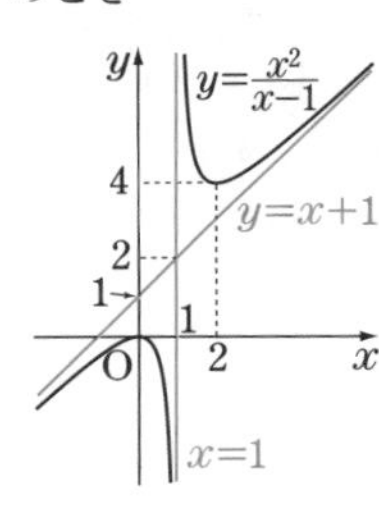

80 □

$$\lim_{x\to\infty}(\sqrt{x^2+1}-x)$$

$$=\lim_{x\to\infty}\frac{(\sqrt{x^2+1})^2-x^2}{\sqrt{x^2+1}+x}$$

$$=\lim_{x\to\infty}\frac{1}{\sqrt{x^2+1}+x}$$

$$=0$$

ゆえに，直線 $y=x$ は曲線 $y=\sqrt{x^2+1}$ の漸近線である．

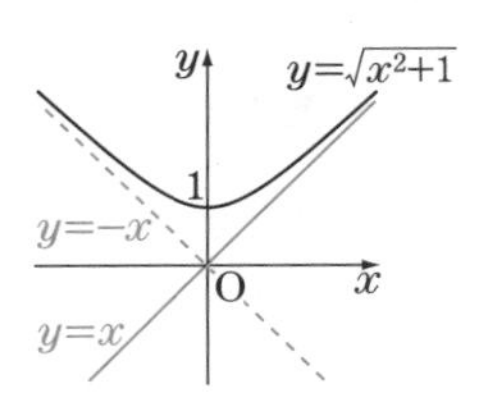

25 いろいろな曲線

81 □ 次のように媒介変数表示された曲線の概形をかきなさい.

$$\begin{cases} x=t+1 \\ y=t^2-1 \end{cases}$$

方針 媒介変数 t を消去して，x，y の関係式を導く.

▶ $t=-1,\ 0,\ 1,\ \cdots$ のときの点 $(x,\ y)$ を xy 平面上に記入してみるとよい.

▶ x，y の変域にも注意する.

---

82 □ 曲線 $x^2+xy+y^2=3$ の概形をかきなさい.

方針 y について解いて，微分して極値を求める.

▶ $f(x,\ y)=x^2+xy+y^2-3$ とおくと，
$f(-x,\ -y)=f(x,\ y)$ となるので，
この曲線は，原点に関して対称である.

▶ $x^2+xy+y^2=3$ より

$$y=\frac{-x\pm\sqrt{12-3x^2}}{2}$$

ANSWER

81 □

$x=t+1$ より $t=x-1$

これを $y=t^2-1$ に代入して

$$y=(x-1)^2-1$$

t がすべての実数値をとりながら変化するとき，x もすべての実数値をとりながら変化する．

ゆえに，この曲線の概形は右図のようになる．

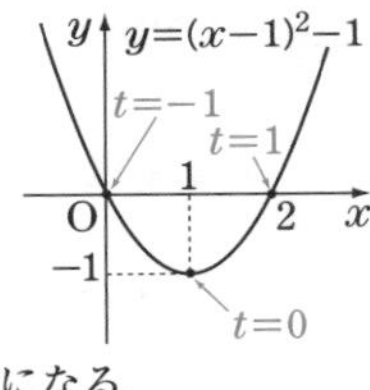

82 □

$f(x,\ y)=x^2+xy+y^2-3$ とおくと

$$f(-x,\ -y)=(-x)^2+(-x)\cdot(-y)+(-y)^2-3$$
$$=x^2+xy+y^2-3=f(x,\ y)$$

となるので，この曲線は原点に関して対称である．

さて，　$y^2+xy+(x^2-3)=0$ より

$$y=\frac{-x\pm\sqrt{x^2-4(x^2-3)}}{2}=\frac{-x\pm\sqrt{12-3x^2}}{2}$$

また，$12-3x^2\geqq 0$ より　$-2\leqq x\leqq 2$

$$y=\frac{-x+\sqrt{12-3x^2}}{2}\ について$$

$$y'=\frac{1}{2}\left(-1+\frac{-6x}{2\sqrt{12-3x^2}}\right)=-\frac{\sqrt{12-3x^2}+3x}{2\sqrt{12-3x^2}}$$

$\sqrt{12-3x^2}+3x=0$ より　$x=-1$

x	-2	$\cdots$	-1	$\cdots$	2
y'	／	$+$	0	$-$	／
y	1	↗	2	↘	-1

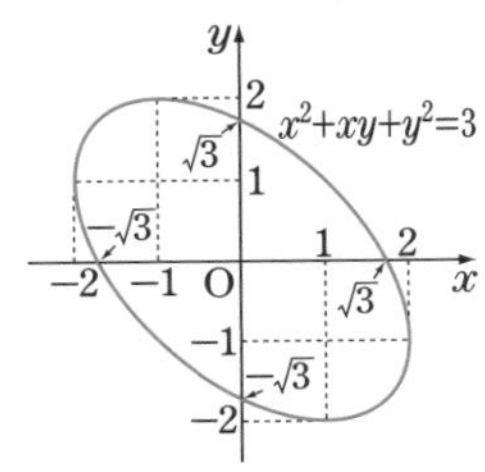

$y=\dfrac{-x-\sqrt{12-3x^2}}{2}$ の部分と

$y=\dfrac{-x+\sqrt{12-3x^2}}{2}$ の部分と

は原点に関して対称であるから，この曲線の概形は上図のようになる．

(参考) この曲線は，楕円である．焦点は，$(\sqrt{2},\ -\sqrt{2})$，$(-\sqrt{2},\ \sqrt{2})$ である．

26 最大・最小

83 □

次の関数の最大値および最小値を求めなさい.

$$f(x)=2\sin x-\sin 2x \quad (0\leqq x\leqq 2\pi)$$

方針 増減表をかき，極値を求める．さらに，定義域の端点にも注意する.

▶ $\cos 2x=2\cos^2 x-1$

84 □

次の関数の最大値および最小値を求めなさい.

$$g(x)=x+\sqrt{1-x^2}$$

方針 まず，関数の定義域を確認する.

▶ $1-x^2\geqq 0$ を解いて定義域を求める.

▶ $g(x)$ の定義域 $-1\leqq x\leqq 1$ において，増減表をかく.

ANSWER

83

$f'(x)=2\cos x-2\cos 2x$
$=2\{\cos x-(2\cos^2 x-1)\}=-2(2\cos^2 x-\cos x-1)$
$=-2(\cos x-1)(2\cos x+1)$

$\cos x-1=0$ より $x=0$

$2\cos x+1=0$ より $x=\frac{2}{3}\pi,\ \frac{4}{3}\pi$

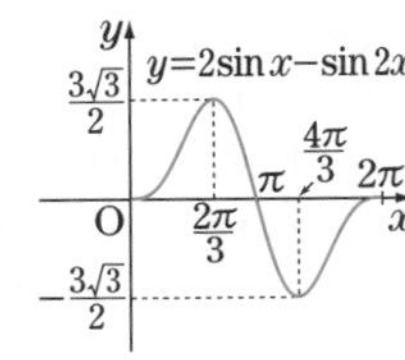

x	0	$\cdots$	$\frac{2\pi}{3}$	$\cdots$	$\frac{4\pi}{3}$	$\cdots$	2π
$f'(x)$	0	$+$	0	$-$	0	$+$	0
$f(x)$	0	↗	$\frac{3\sqrt{3}}{2}$	↘	$-\frac{3\sqrt{3}}{2}$	↗	0

ゆえに

最大値 $f\left(\frac{2\pi}{3}\right)=\frac{3\sqrt{3}}{2}$

最小値 $f\left(\frac{4\pi}{3}\right)=-\frac{3\sqrt{3}}{2}$

84

この関数の定義域は　$1-x^2\geqq 0$ より　$-1\leqq x\leqq 1$

$-1<x<1$ において

$$g'(x)=1+\frac{-2x}{2\sqrt{1-x^2}}=\frac{\sqrt{1-x^2}-x}{\sqrt{1-x^2}}$$

$\sqrt{1-x^2}-x=0$ より　$x=\frac{1}{\sqrt{2}}$

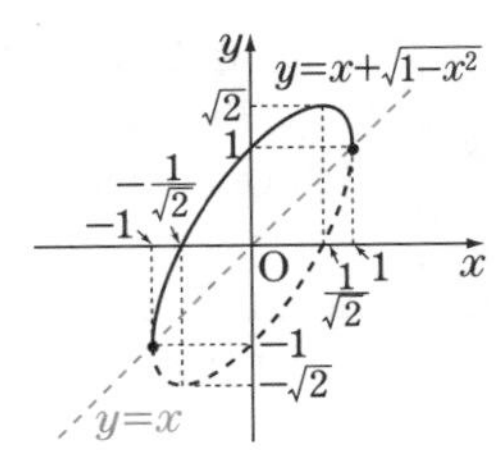

x	-1	$\cdots$	$\frac{1}{\sqrt{2}}$	$\cdots$	1
$g'(x)$	／	$+$	0	$-$	／
$g(x)$	-1	↗	$\sqrt{2}$	↘	1

ゆえに

最大値 $g\left(\frac{1}{\sqrt{2}}\right)=\sqrt{2}$

最小値 $g(-1)=-1$

(参考) この曲線は，楕円 $2x^2-2xy+y^2=1$ の $y\geqq x$ の部分である．

27 最大・最小と図形

85 □

関数 $y=e^{-|x|}$ のグラフ上に異なる2点P，Qをとり，P，Qから x 軸に下ろした垂線の足をそれぞれ P'，Q' とする．線分PQが x 軸に平行であるとき，長方形 $\mathrm{PP'Q'Q}$ の面積の最大値を求めなさい．

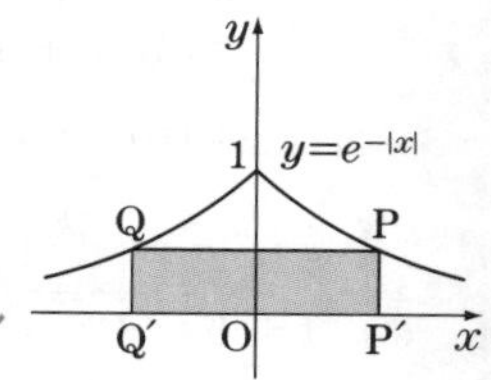

方針 $\mathrm{P}(t,\ e^{-t})$ $(t>0)$ とし，長方形の面積を t で表し微分する．

---

86 □

曲線 $y=\dfrac{4}{x}$ $(x>0)$ の接線と x 軸，y 軸との交点をP，Qとするとき，線分PQの長さの最小値を求めなさい．

方針 接点を $\left(t,\ \dfrac{4}{t}\right)$ とおき，PQ^2 を t で表す．

▶接線の方程式において

$y=0$ としたときの x の値が，Pの x 座標
$x=0$ としたときの y の値が，Qの y 座標

▶$\mathrm{P}(p,\ 0)$，$\mathrm{Q}(0,\ q)$ のとき

$$\mathrm{PQ}^2=p^2+q^2$$

★相加平均 ≧ 相乗平均 を利用してもよいが，ここでは，t の関数として微分しよう．

A　N　S　W　E　R

85

$\mathrm{P}(t,\ e^{-t})$ とする．ただし，$t>0$ としてよい．
このとき，$\mathrm{Q}(-t,\ e^{-t})$ となるので

$$\mathrm{PQ}=2t,\ \ \mathrm{PP'}=e^{-t}$$

であるから，長方形 PP′Q′Q の面積を $S(t)$ とすると

$$S(t)=2t\cdot e^{-t}=2te^{-t}$$
$$S'(t)=2\{1\cdot e^{-t}+t\cdot(-e^{-t})\}=2(1-t)e^{-t}$$

t	0	$\cdots$	1	$\cdots$
$S'(t)$		$+$	0	$-$
$S(t)$		↗	$\dfrac{2}{e}$	↘

ゆえに，求める最大値は

$$S(1)=\frac{2}{e}$$

86

$$y'=-\frac{4}{x^2}$$

点 $\left(t,\ \dfrac{4}{t}\right)$ における接線は　　$y-\dfrac{4}{t}=-\dfrac{4}{t^2}(x-t)$

$y=0$　とすると，$x=2t$　　よって，$\mathrm{P}(2t,\ 0)$

$x=0$　とすると，$y=\dfrac{8}{t}$　　よって，$\mathrm{Q}\left(0,\ \dfrac{8}{t}\right)$

したがって，

$$\mathrm{PQ}^2=(2t)^2+\left(\frac{8}{t}\right)^2=4t^2+\frac{64}{t^2}=f(t)$$

とおくと

$$f'(t)=8t-\frac{128}{t^3}=\frac{8(t^4-16)}{t^3}$$

t	0	$\cdots$	2	$\cdots$
$f'(t)$		$-$	0	$+$
$f(t)$		↘	32	↗

ゆえに，求める最小値は

$$\sqrt{f(2)}=\sqrt{32}=4\sqrt{2}$$

28 方程式への応用

87 □

次の方程式の実数解の個数を求めなさい．

$$x^4-2x^2-4=0$$

方針 $f(x)=x^4-2x^2-4$ とおいて，関数 $f(x)$ の増減・極値を調べる．

▶ $y=x^4-2x^2-4$ のグラフと x 軸との交点の x 座標が，与えられた方程式の実数解である．その個数を求める．

---

88 □

x の方程式 $e^x=a(x+1)$ が異なる 2 個の実数解をもつような，定数 a の値の範囲を求めなさい．

方針 $a=\dfrac{e^x}{x+1}$ とし，$f(x)=\dfrac{e^x}{x+1}$ とおいて，関数 $f(x)$ の増減・極値を調べる．

▶ $y=\dfrac{e^x}{x+1}$ のグラフと直線 $y=a$ との交点の x 座標が，与えられた方程式の実数解である．その個数を調べる．

▶ $\displaystyle\lim_{x\to-\infty}\frac{e^x}{x+1}=-0$ に注意しよう．

ANSWER

87　$f(x)=x^4-2x^2-4$　とおくと

$$f'(x)=4x^3-4x=4x(x^2-1)$$
$$=4x(x+1)(x-1)$$

x	$\cdots$	-1	$\cdots$	0	$\cdots$	1	$\cdots$
$f'(x)$	$-$	0	$+$	0	$-$	0	$+$
$f(x)$	↘	-5	↗	-4	↘	-5	↗

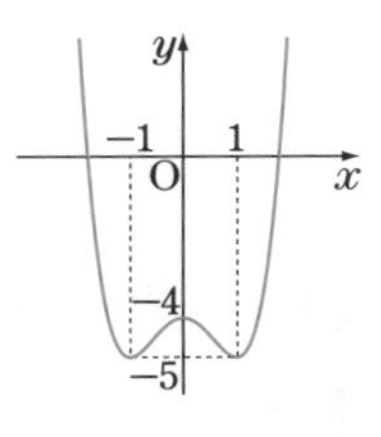

$y=f(x)$ のグラフは右図のようになるので，方程式 $f(x)=0$ の実数解の個数は

2 個

88　$x=-1$ はこの方程式を満たさないので，
$e^x=a(x+1)$ より

$$a=\frac{e^x}{x+1}$$

$$\begin{cases} y=a & \cdots\cdots① \\ y=\dfrac{e^x}{x+1} & \cdots\cdots② \end{cases}$$

とおくと，②より

$$y'=\frac{e^x(x+1)-e^x\cdot 1}{(x+1)^2}=\frac{x\cdot e^x}{(x+1)^2}$$

x	$\cdots$	-1	$\cdots$	0	$\cdots$
y'	$-$	／	$-$	0	$+$
y	↘	／	↘	1	↗

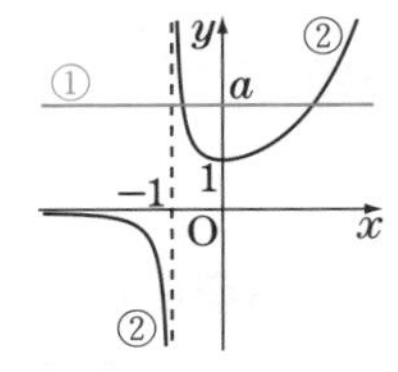

②のグラフは右図のようになる．
これと直線①との交点の個数を調べることにより，与えられた方程式の実数解の個数は下の表のようになる．
ゆえに，求める a の値の範囲は

$a>1$

a	$\cdots$	0	$\cdots$	1	$\cdots$
実数解の個数	1	0	0	1	2

29 不等式への応用(1)

89 □

$x>0$ のとき，次の不等式を証明しなさい．

$$e^x>1+x$$

方針 $f(x)=e^x-(1+x)$ とおいて，関数 $f(x)$ の増減を調べる．

90 □

$x>0$ のとき，次の不等式を証明しなさい．

$$e^x>1+x+\frac{1}{2}x^2$$

方針 $g(x)=e^x-\left(1+x+\frac{1}{2}x^2\right)$ とおいて，前問の結果を利用する．

91 □

$x>0$ のとき，次の不等式を証明しなさい．

$$x>\sin x$$

方針 $f(x)=x-\sin x$ とおいて，$x>0$ において，関数 $f(x)$ の増減を調べる．

92 □

$x>0$ のとき，次の不等式を証明しなさい．

$$1-\frac{1}{2}x^2<\cos x$$

方針 $g(x)=\cos x-\left(1-\frac{1}{2}x^2\right)$ とおいて，前問の結果を利用する．

★前問の結果を用いると

$$1-\cos x=2\sin^2\frac{x}{2}<2\cdot\left(\frac{x}{2}\right)^2=\frac{x^2}{2}$$

よって，$1-\frac{1}{2}x^2<\cos x$

ANSWER

89 □

$f(x)=e^x-(1+x)$ とおくと

$$f'(x)=e^x-1$$

$x>0$ のとき，$f'(x)>0$ であるから，$f(x)$ は増加関数である．そして $f(0)=e^0-(1+0)=0$ であるから，

$x>0$ のとき，　$f(x)>0$

すなわち，　$e^x>1+x$

90 □

$g(x)=e^x-\left(1+x+\frac{1}{2}x^2\right)$ とおくと

$$g'(x)=e^x-(1+x)$$

前問の結果より，$x>0$ のとき $g'(x)>0$ であるから，$g(x)$ は増加関数である．そして $g(0)=e^0-(1+0+0)=0$ であるから，

$x>0$ のとき，　$g(x)>0$

すなわち，　$e^x>1+x+\frac{1}{2}x^2$

91 □

$f(x)=x-\sin x$ とおくと

$$f'(x)=1-\cos x$$

$x>0$ のとき，$f'(x)\geqq 0$ であるから，$f(x)$ は増加関数である．そして $f(0)=0-\sin 0=0-0=0$　であるから，

$x>0$ のとき，　$f(x)>0$

すなわち，　$x>\sin x$

92 □

$g(x)=\cos x-\left(1-\frac{1}{2}x^2\right)$ とおくと

$$g'(x)=-\sin x+x=x-\sin x$$

前問の結果より，$x>0$ のとき $g'(x)>0$ であるから，$g(x)$ は増加関数である．そして $g(0)=\cos 0-(1-0)=1-1=0$ であるから，

$x>0$ のとき，　$g(x)>0$

すなわち，　$1-\frac{1}{2}x^2<\cos x$

30 不等式への応用(2)

93 □ $f(x)=\dfrac{a+b+x}{3}-\sqrt[3]{abx}$ $(x>0)$ の最小値を調べることにより，不等式

$$\frac{a+b+x}{3}\geqq\sqrt[3]{abx}$$

を証明しなさい．ただし，a，b は正の定数である．

方針 $f(x)$ の最小値$\geqq 0$ を証明する．

▶ $(\sqrt[3]{x})'=\left(x^{\frac{1}{3}}\right)'=\dfrac{1}{3}x^{-\frac{2}{3}}=\dfrac{1}{3\sqrt[3]{x^2}}$

★ $\sqrt[3]{a}=A$，$\sqrt[3]{b}=B$，$\sqrt[3]{x}=X$ とおくと，

$$f(x)=\frac{A^3+B^3+X^3}{3}-ABX$$

となり，途中の計算が少し楽になる．

---

94 □ $x>0$ のとき，$e^x>1+x+\dfrac{1}{2}x^2$ であることを利用して，$\displaystyle\lim_{x\to\infty}\frac{x}{e^x}$ を求めなさい．

方針 はさみうちの原理を利用する．

▶ $g(x)<f(x)<h(x)$ のとき，

$\displaystyle\lim_{x\to\infty}g(x)=\lim_{x\to\infty}h(x)=\alpha$ ならば $\displaystyle\lim_{x\to\infty}f(x)=\alpha$

▶ $x>0$ であるから，$e^x>1+x+\dfrac{1}{2}x^2$ より $e^x>\dfrac{1}{2}x^2$ が成り立つ．

これを用いて，$\dfrac{x}{e^x}$ を評価するとよい．

★ なお，問題 90 を参照．

ANSWER

93

$$f(x)=\frac{a+b}{3}+\frac{1}{3}x-\sqrt[3]{ab}\cdot x^{\frac{1}{3}}$$

$$f'(x)=\frac{1}{3}-\sqrt[3]{ab}\cdot\frac{1}{3}x^{-\frac{2}{3}}=\frac{1}{3}\left(1-\sqrt[3]{\frac{ab}{x^2}}\right)$$

$1-\sqrt[3]{\dfrac{ab}{x^2}}=0$ より　　$x=\sqrt{ab}$

x	0	$\cdots$	$\sqrt{ab}$	$\cdots$
$f'(x)$		$-$	0	$+$
$f(x)$		↘		↗

よって，$f(x)$ は $x=\sqrt{ab}$ のとき最小で，最小値は

$$f(\sqrt{ab})=\frac{a+b+\sqrt{ab}}{3}-\sqrt[3]{ab\sqrt{ab}}=\frac{a+b+\sqrt{ab}}{3}-\sqrt{ab}$$

$$=\frac{a-2\sqrt{ab}+b}{3}=\frac{(\sqrt{a}-\sqrt{b})^2}{3}\geqq 0$$

ゆえに，　$\dfrac{a+b+x}{3}\geqq\sqrt[3]{abx}$　　が成り立つ．

(参考) 等号が成り立つのは，$x=\sqrt{ab}$ かつ $\sqrt{a}=\sqrt{b}$ のとき，すなわち，$a=b=x$ のときである．

94

$x>0$ のとき，　$e^x>1+x+\dfrac{1}{2}x^2$　より

$$e^x>\frac{1}{2}x^2$$

逆数をとって，　$0<\dfrac{1}{e^x}<\dfrac{2}{x^2}$

x をかけて，　$0<\dfrac{x}{e^x}<\dfrac{2}{x}$

ここで，$x\to\infty$ とすると $\dfrac{2}{x}\to 0$ であるから，

はさみうちの原理より

$$\lim_{x\to\infty}\frac{x}{e^x}=\mathbf{0}$$

4 微分法の応用

31 速度・加速度

95
□

$\begin{cases} x=3\cos t \\ y=3\sin t \end{cases}$ で表される点 $\mathrm{P}(x,\ y)$ の速度を $\vec{v}$，加速度を $\vec{\alpha}$ とする．

(1) $\vec{v}$，$|\vec{v}|$ を求めなさい．

(2) $\vec{\alpha}$，$|\vec{\alpha}|$ を求めなさい．

方針 x，y をそれぞれ t で微分して，速度ベクトル $\vec{v}$，加速度ベクトル $\vec{\alpha}$ を求める．

▶ $\vec{v}=\left(\dfrac{dx}{dt},\ \dfrac{dy}{dt}\right)$，　$\vec{\alpha}=\left(\dfrac{d^2x}{dt^2},\ \dfrac{d^2y}{dt^2}\right)$

96
□

体積 V が毎秒 $4\mathrm{cm}^3$ ずつ増加してゆく球形のシャボン玉は，半径 r が $3\mathrm{cm}$ になった瞬間に破裂してしまう．その瞬間の半径の増加率 $\dfrac{dr}{dt}$ を求めなさい．

方針 V を r で表し，両辺を t で微分する．

なお，$\dfrac{dV}{dt}=4$（一定）である．

▶ $V=\dfrac{4}{3}\pi r^3$

▶ $\dfrac{dV}{dt}=\dfrac{dV}{dr}\cdot\dfrac{dr}{dt}$

ANSWER

95

(1) $\dfrac{dx}{dt}=-3\sin t$, $\dfrac{dy}{dt}=3\cos t$

よって，$\vec{v}=(\mathbf{-3\sin t,\ 3\cos t})$

$|\vec{v}|=\sqrt{(-3\sin t)^2+(3\cos t)^2}$

$=\mathbf{3}$

(2) $\dfrac{d^2x}{dt^2}=-3\cos t$, $\dfrac{d^2y}{dt^2}=-3\sin t$

よって，$\vec{\alpha}=(\mathbf{-3\cos t,\ -3\sin t})$

$|\vec{\alpha}|=\sqrt{(-3\cos t)^2+(-3\sin t)^2}$

$=\mathbf{3}$

96

シャボン玉がふくらみ始めてからの時間を t 秒とすると

$$V=4t \quad \cdots\cdots①$$

また，球の体積の公式を用いて

$$V=\frac{4}{3}\pi r^3 \quad \cdots\cdots②$$

①の両辺を t で，②の両辺を r で微分して

$$\frac{dV}{dt}=4 \quad \cdots\cdots③$$

$$\frac{dV}{dr}=4\pi r^2 \quad \cdots\cdots④$$

また，合成関数の微分法により

$$\frac{dV}{dt}=\frac{dV}{dr}\cdot\frac{dr}{dt}$$

これに③，④を代入して　$4=4\pi r^2\cdot\dfrac{dr}{dt}$

よって，　$\dfrac{dr}{dt}=\dfrac{4}{4\pi r^2}=\dfrac{1}{\pi r^2}$

$r=3$ を代入して

$$\frac{dr}{dt}=\mathbf{\frac{1}{9\pi}}$$

32 近似式と近似値

97

$h \fallingdotseq 0$ のとき，次の近似式が成り立つことを示しなさい．

$$(1+h)^n \fallingdotseq 1+nh$$

方針 次の1次近似式を利用する．

$h \fallingdotseq 0$ のとき，$f(a+h) \fallingdotseq f(a)+f'(a)\cdot h$

★ $f(a+h)=f(a)+f'(a)\cdot h+\dfrac{f''(a)}{2!}\cdot h^2+\cdots$

（テイラーの定理）

98

次の値の近似値を求めなさい．

(1) $\sqrt{1.0004}$　　(2) $\sqrt[3]{999.7}$

方針 必要なら変形してから，前問を利用する．

▶ $999.7=1000-0.3=1000(1-0.0003)$

99

$\log 1.004$ の近似値を求めなさい．

方針 $\log(1+x) \fallingdotseq x$ を利用する．

$$\left(\begin{array}{l} f(x)=\log x \text{ とおくと，} f'(x)=\dfrac{1}{x} \\ \text{よって，問題 97 と同様に} \\ f(1+x) \fallingdotseq f(1)+f'(1)\cdot x=\log 1+\dfrac{1}{1}\cdot x=x \end{array}\right)$$

100

$\sin 31^\circ$ の近似値を求めなさい．

方針 弧度法で表してから

$\sin\left(\dfrac{\pi}{6}+h\right) \fallingdotseq \sin\dfrac{\pi}{6}+\left(\cos\dfrac{\pi}{6}\right)h$ を利用する．

▶ $31^\circ=30^\circ+1^\circ$

ANSWER

97

$f(x)=x^n$ とおくと，$f'(x)=nx^{n-1}$

よって，$f(1+h)\fallingdotseq f(1)+f'(1)h$　より

$$(1+h)^n\fallingdotseq 1^n+nh=1+nh$$

98

(1) $\sqrt{1.0004}=(1+0.0004)^{\frac{1}{2}}$

$$\fallingdotseq 1+\frac{1}{2}\cdot 0.0004=\mathbf{1.0002}$$

(2) $\sqrt[3]{999.7}=\sqrt[3]{1000-0.3}=10\cdot\sqrt[3]{1-\frac{3}{10000}}$

$$=10\cdot\left\{1-\frac{3}{10000}\right\}^{\frac{1}{3}}\fallingdotseq 10\cdot\left\{1-\frac{1}{3}\cdot\frac{3}{10000}\right\}$$

$$=10(1-0.0001)=\mathbf{9.999}$$

99

$f(x)=\log x$ とおくと，$f'(x)=\frac{1}{x}$

よって，$x\fallingdotseq 0$ のとき，$f(1+x)\fallingdotseq f(1)+f'(1)\cdot x$

したがって，　$\log(1+x)\fallingdotseq \log 1+\frac{1}{1}\cdot x=0+1\cdot x$

すなわち，　$\log(1+x)\fallingdotseq x$

ゆえに，　$\log 1.004=\log(1+0.004)\fallingdotseq\mathbf{0.004}$

100

$$31^\circ=30^\circ+1^\circ=\frac{\pi}{6}+\frac{\pi}{180}$$

$\sin\left(\frac{\pi}{6}+h\right)\fallingdotseq\sin\frac{\pi}{6}+\left(\cos\frac{\pi}{6}\right)h$ を利用して

$$\sin\left(\frac{\pi}{6}+\frac{\pi}{180}\right)\fallingdotseq\sin\frac{\pi}{6}+\left(\cos\frac{\pi}{6}\right)\frac{\pi}{180}$$

$$=\frac{1}{2}+\frac{\sqrt{3}}{2}\cdot\frac{\pi}{180}=\mathbf{\frac{1}{2}+\frac{\sqrt{3}\pi}{360}}$$

(参考) $\frac{\sqrt{3}\pi}{360}=0.01511\cdots$　であるから　$\sin 31^\circ\fallingdotseq 0.515$

33 不定積分

101 □ 次の不定積分を求めなさい.

(1) $\int(x^4-2x^3+5x^2-6x+8)\,dx$

(2) $\int\left(\sqrt{x}-\dfrac{4}{x^2}\right)dx$

方針 $\int(f+g)\,dx=\int f\,dx+\int g\,dx$ を利用する.

▶ $\int x^n\,dx=\dfrac{1}{n+1}x^{n+1}+C \quad (n\neq-1)$

---

102 □ 次の不定積分を求めなさい.

(1) $\int\dfrac{1}{x}\,dx$　　(2) $\int(e^x+2^x)\,dx$

方針 指数関数，対数関数の微分公式を利用する.

▶ $(\log|x|)'=\dfrac{1}{x}$, $(e^x)'=e^x$, $(a^x)'=a^x\log a$

---

103 □ 次の不定積分を求めなさい.

(1) $\int(\sin x+\cos x)\,dx$　　(2) $\int\left(\dfrac{1}{\cos^2 x}-\dfrac{1}{\sin^2 x}\right)dx$

方針 三角関数の微分公式を利用する.

▶ $(\sin x)'=\cos x$, $(\cos x)'=-\sin x$

▶ $(\tan x)'=\dfrac{1}{\cos^2 x}$, $\left(\dfrac{1}{\tan x}\right)'=-\dfrac{1}{\sin^2 x}$

---

104 □ 次の不定積分を求めなさい.

(1) $\int\dfrac{x^2+1}{\sqrt{x}}\,dx$　　(2) $\int\left(\sin\dfrac{x}{2}+\cos\dfrac{x}{2}\right)^2dx$

方針 被積分関数を変形してから，公式を利用する.

A N S W E R

101

(1) $\int (x^4-2x^3+5x^2-6x+8)\,dx$

$=\frac{1}{5}x^5-\frac{1}{2}x^4+\frac{5}{3}x^3-3x^2+8x+C$

(2) $\int\left(\sqrt{x}-\frac{4}{x^2}\right)dx=\int(x^{\frac{1}{2}}-4x^{-2})\,dx$

$=\frac{2}{3}x^{\frac{3}{2}}-4(-x^{-1})+C=\frac{2}{3}x\sqrt{x}+\frac{4}{x}+C$

（注意）（C は積分定数）を各答に記すべきであるが，省略する．

102

(1) $\int\frac{1}{x}\,dx=\log|x|+C$

(2) $\int(e^x+2^x)\,dx=e^x+\frac{2^x}{\log 2}+C$

103

(1) $\int(\sin x+\cos x)\,dx=-\cos x+\sin x+C$

(2) $\int\left(\frac{1}{\cos^2 x}-\frac{1}{\sin^2 x}\right)dx=\tan x+\frac{1}{\tan x}+C$

104

(1) $\int\left(\frac{x^2+1}{\sqrt{x}}\right)dx=\int(x^{\frac{3}{2}}+x^{-\frac{1}{2}})\,dx=\frac{2}{5}x^{\frac{5}{2}}+2x^{\frac{1}{2}}+C$

$=\frac{2}{5}x^2\sqrt{x}+2\sqrt{x}+C$

(2) $\int\left(\sin\frac{x}{2}+\cos\frac{x}{2}\right)^2dx$

$=\int\left(\sin^2\frac{x}{2}+2\sin\frac{x}{2}\cos\frac{x}{2}+\cos^2\frac{x}{2}\right)dx$

$=\int\left\{\left(\sin^2\frac{x}{2}+\cos^2\frac{x}{2}\right)+\sin\left(2\cdot\frac{x}{2}\right)\right\}dx$

$=\int(1+\sin x)\,dx$

$=x-\cos x+C$

34 不定積分の置換積分(1)

105 □ 次の不定積分を求めなさい.

(1) $\int (x+7)^3\,dx$　　(2) $\int (3x-2)^4\,dx$

(3) $\int \sqrt{5-4x}\,dx$　　(4) $\int \frac{1}{4x+3}\,dx$

方針 $\int (1\text{次式})^a dx$ の形であるから，置換しないで求めることができる.

$\{(x+a)^n\}' = n(x+a)^{n-1}$

$\longrightarrow \int (x+a)^m dx = \frac{1}{m+1}(x+a)^{m+1}+C$

$\{(ax+b)^n\}' = na(ax+b)^{n-1}$

$\longrightarrow \int (ax+b)^m dx = \frac{1}{a(m+1)}(ax+b)^{m+1}+C$

$(\log|ax+b|)' = \frac{a}{ax+b}$

$\longrightarrow \int \frac{1}{ax+b}dx = \frac{1}{a}\log|ax+b|+C$

---

106 □ 次の不定積分を求めなさい.

(1) $\int e^{2x+5}\,dx$　　(2) $\int 3^{2x+5}\,dx$

(3) $\int (\sin 2x + \cos 3x)\,dx$　　(4) $\int \left(\frac{1}{\cos^2 3x} + \frac{1}{\sin^2 4x}\right) dx$

方針 $F'(x)=f(x)$ のとき，

$\int f(x)\,dx = F(x)+C$

$\int f(ax+b)\,dx = \frac{1}{a}F(ax+b)+C$

ANSWER

105

(1) $\int(x+7)^3\,dx=\frac{1}{4}(x+7)^4+C$

(2) $\int(3x-2)^4\,dx=\frac{1}{15}(3x-2)^5+C$

(3) $\int\sqrt{5-4x}\,dx=\int(5-4x)^{\frac{1}{2}}\,dx$

$=-\frac{1}{6}(5-4x)^{\frac{3}{2}}+C$

$=-\frac{1}{6}\sqrt{(5-4x)^3}+C$

(4) $\int\frac{1}{4x+3}\,dx=\frac{1}{4}\log|4x+3|+C$

106

(1) $\int e^{2x+5}\,dx=\frac{1}{2}e^{2x+5}+C$

(2) $\int 3^{2x+5}\,dx=\frac{3^{2x+5}}{2\log 3}+C$

(3) $\int(\sin 2x+\cos 3x)\,dx=-\frac{1}{2}\cos 2x+\frac{1}{3}\sin 3x+C$

(4) $\int\left(\frac{1}{\cos^2 3x}+\frac{1}{\sin^2 4x}\right)dx=\frac{1}{3}\tan 3x-\frac{1}{4\tan 4x}+C$

35 不定積分の置換積分(2)

107 □ 次の不定積分を求めなさい.

(1) $\int 2x\sqrt{x^2-1}\,dx$　　(2) $\int \sin^3 x \cos x\,dx$

(3) $\int \frac{(\log x)^2}{x}\,dx$　　(4) $\int \frac{e^x}{e^x+2}\,dx$

(5) $\int \frac{1}{\tan x}\,dx$

方針 $\{f(g(x))\}'=f'(g(x))g'(x)$ より

$$\int f'(g(x))g'(x)dx=f(g(x))+C$$

▶ $\frac{1}{\tan x}=\frac{\cos x}{\sin x}=\frac{(\sin x)'}{\sin x}$

---

108 □ 次の不定積分を求めなさい.

$$\int x\sqrt{x+1}\,dx$$

方針 $\sqrt{x+1}=t$ とおく.

▶ $x=t^2-1$, $dx=2t\,dt$ を用いて, t についての積分になおす.

ANSWER

107

(1) $\int 2x\sqrt{x^2-1}\,dx=\int (x^2-1)^{\frac{1}{2}}\cdot 2x\,dx$

$=\int (x^2-1)^{\frac{1}{2}}\cdot (x^2-1)'\,dx$

$=\frac{2}{3}(x^2-1)^{\frac{3}{2}}+C$

$=\frac{2}{3}\sqrt{(x^2-1)^3}+C$

(2) $\int \sin^3 x\cos x\,dx=\int \sin^3 x\cdot(\sin x)'\,dx$

$=\frac{1}{4}\sin^4 x+C$

(3) $\int \frac{(\log x)^2}{x}\,dx=\int (\log x)^2\cdot\frac{1}{x}dx=\int (\log x)^2\cdot(\log x)'\,dx$

$=\frac{1}{3}(\log x)^3+C$

(4) $\int \frac{e^x}{e^x+2}\,dx=\int \frac{(e^x+2)'}{e^x+2}\,dx$

$=\log(e^x+2)+C$

(5) $\int \frac{1}{\tan x}\,dx=\int \frac{\cos x}{\sin x}\,dx=\int \frac{(\sin x)'}{\sin x}\,dx$

$=\log|\sin x|+C$

108

$\sqrt{x+1}=t$ とおくと，$x=t^2-1$

$\frac{dx}{dt}=2t$

$dx=2t\,dt$

$\int x\sqrt{x+1}\,dx=\int (t^2-1)t\cdot 2t\,dt=2\int (t^4-t^2)\,dt$

$=2\left(\frac{1}{5}t^5-\frac{1}{3}t^3\right)+C$

$=\frac{2}{5}\sqrt{(x+1)^5}-\frac{2}{3}\sqrt{(x+1)^3}+C$

36 不定積分の部分積分

109 次の不定積分を求めなさい.

(1) $\int xe^x\,dx$　　(2) $\int x\cos x\,dx$

方針 $(fg)'=f'g+fg'$ より $\int f'g\,dx=fg-\int fg'\,dx$

$$\int fg'\,dx=fg-\int f'g\,dx$$

▶ $\int$ がすべて消えたら，積分定数 C を添える.

---

110 次の不定積分を求めなさい.

$$\int x\log x\,dx$$

方針 x と $\log x$ のどちらを積分するのかを，正しく判定する.

▶ $(\log x)'=\dfrac{1}{x}$

---

111 次の不定積分を求めなさい.

$$\int \log x\,dx$$

方針 $\log x=1\cdot\log x$ と考えて，部分積分を実行する.

---

112 2つの関数　$f(x)=e^x\sin x$，$g(x)=e^x\cos x$ がある.

(1) $f'(x)$，$g'(x)$ を求めなさい.

(2) (1)の結果を用いて　$\int e^x\sin x\,dx$，$\int e^x\cos x\,dx$ をそれぞれ求めなさい.

方針 $e^x\sin x$，$e^x\cos x$ をそれぞれ $f'(x)$ と $g'(x)$ で表す.

▶ 微分してそれぞれ $e^x\sin x$，$e^x\cos x$ となるような，もとの関数を捜すと考える.

▶ $F'(x)=f(x)$　$\Rightarrow$　$\int f(x)\,dx=F(x)+C$

ANSWER

109

(1) $\int xe^x\,dx=\int x(e^x)'dx=xe^x-\int 1\cdot e^x\,dx=xe^x-e^x+C$

(2) $\int x\cos x\,dx=\int x(\sin x)'\,dx=x\sin x-\int 1\cdot\sin x\,dx$

$=x\sin x+\cos x+C$

110

$\int x\log x\,dx=\int\left(\frac{1}{2}x^2\right)'\log x\,dx$

$=\frac{1}{2}x^2\log x-\int\frac{1}{2}x^2\cdot\frac{1}{x}\,dx=\frac{1}{2}x^2\log x-\frac{1}{2}\int x\,dx$

$=\frac{1}{2}x^2\log x-\frac{1}{4}x^2+C$

111

$\int\log x\,dx=\int 1\cdot\log x\,dx=\int(x)'\log x\,dx$

$=x\log x-\int x\cdot\frac{1}{x}\,dx=x\log x-\int 1\,dx$

$=x\log x-x+C$

(参考) 微分して検算するとよい.

112

(1) $f'(x)=e^x\sin x+e^x\cos x$

$g'(x)=e^x\cos x+e^x\cdot(-\sin x)$

$=-e^x\sin x+e^x\cos x$

(2) $f'(x)-g'(x)=2e^x\sin x$

よって,

$$e^x\sin x=\frac{1}{2}\{f'(x)-g'(x)\}$$

ゆえに,

$\int e^x\sin x\,dx=\int\frac{1}{2}\{f'(x)-g'(x)\}\,dx$

$=\frac{1}{2}\left\{\int f'(x)\,dx-\int g'(x)dx\right\}=\frac{1}{2}\{f(x)-g(x)\}+C$

$=\frac{1}{2}e^x(\sin x-\cos x)+C$

同様にして, $e^x\cos x=\frac{1}{2}\{f'(x)+g'(x)\}$ より

$$\int e^x\cos x\,dx=\frac{1}{2}e^x(\sin x+\cos x)+C$$

37 いろいろな関数の不定積分(1)

113 □

次の不定積分を求めなさい.

(1) $\displaystyle\int\frac{x^2}{x+1}\,dx$　　(2) $\displaystyle\int\frac{dx}{\sqrt{x+1}-\sqrt{x}}$

方針 積分しやすい形に変形してから積分する.

▶ $\dfrac{x^2}{x+1}=\dfrac{x^2-1+1}{x+1}=x-1+\dfrac{1}{x+1}$

▶ $\dfrac{1}{\sqrt{x+1}-\sqrt{x}}=\dfrac{\sqrt{x+1}+\sqrt{x}}{(\sqrt{x+1}-\sqrt{x})(\sqrt{x+1}+\sqrt{x})}$

$=\dfrac{\sqrt{x+1}+\sqrt{x}}{1}$

$=\sqrt{x+1}+\sqrt{x}$

114 □

次の不定積分を求めなさい.

(1) $\displaystyle\int\frac{dx}{x^2-4}$　　(2) $\displaystyle\int\frac{x-5}{(x+1)(x-2)}\,dx$

方針 部分分数に分解してから積分する.

▶ $\dfrac{1}{x^2-a^2}=\dfrac{1}{(x-a)(x+a)}=\dfrac{1}{2a}\left(\dfrac{1}{x-a}-\dfrac{1}{x+a}\right)$

▶ $\dfrac{x-5}{(x+1)(x-2)}=\dfrac{a}{x+1}+\dfrac{b}{x-2}$

と置いて分母を払い, 定数 a, b の値を定める.

ANSWER

113

(1) $\displaystyle\int\frac{x^2}{x+1}\,dx=\int\left(x-1+\frac{1}{x+1}\right)dx$

$\displaystyle=\frac{1}{2}x^2-x+\log|x+1|+C$

(2) $\displaystyle\int\frac{dx}{\sqrt{x+1}-\sqrt{x}}=\int(\sqrt{x+1}+\sqrt{x})\,dx$

$\displaystyle=\frac{2}{3}(x+1)^{\frac{3}{2}}+\frac{2}{3}x^{\frac{3}{2}}+C$

$\displaystyle=\frac{2}{3}(\sqrt{(x+1)^3}+\sqrt{x^3})+C$

114

(1) $\displaystyle\int\frac{dx}{x^2-4}=\int\frac{1}{(x-2)(x+2)}dx$

$\displaystyle=\int\frac{1}{4}\left(\frac{1}{x-2}-\frac{1}{x+2}\right)dx$

$\displaystyle=\frac{1}{4}(\log|x-2|-\log|x+2|)+C$

$\displaystyle=\frac{1}{4}\log\left|\frac{x-2}{x+2}\right|+C$

(2) $\displaystyle\frac{x-5}{(x+1)(x-2)}=\frac{a}{x+1}+\frac{b}{x-2}$ とおくと

$x-5=a(x-2)+b(x+1)$

$x=-1$ を代入すると，$-6=-3a$ より $a=2$

$x=2$ を代入すると，　$-3=3b$ 　より $b=-1$

ゆえに，

$\displaystyle\int\frac{x-5}{(x+1)(x-2)}\,dx=\int\left(\frac{2}{x+1}+\frac{-1}{x-2}\right)dx$

$=2\log|x+1|-\log|x-2|+C$

$\displaystyle=\log\frac{(x+1)^2}{|x-2|}+C$

38 いろいろな関数の不定積分(2)

115 次の不定積分を求めなさい.

(1) $\int \cos^2 x\, dx$ (2) $\int \sin^2 3x\, dx$

方針 半角の公式を利用して，次数を下げる.

▶ $\cos^2 x = \dfrac{1+\cos 2x}{2}$， $\sin^2 x = \dfrac{1-\cos 2x}{2}$

116 次の不定積分を求めなさい.

(1) $\int \sin 3x \cos 2x\, dx$ (2) $\int \cos 2x \cos 3x\, dx$

(3) $\int \sin 5x \sin 3x\, dx$

方針 積和公式を利用して，次数を下げる.

▶ $\sin\alpha\cos\beta = \dfrac{1}{2}\{\sin(\alpha+\beta)+\sin(\alpha-\beta)\}$

$\cos\alpha\cos\beta = \dfrac{1}{2}\{\cos(\alpha+\beta)+\cos(\alpha-\beta)\}$

$\sin\alpha\sin\beta = -\dfrac{1}{2}\{\cos(\alpha+\beta)-\cos(\alpha-\beta)\}$

ANSWER

115 □

(1) $\int \cos^2 x\,dx=\int \frac{1+\cos 2x}{2}\,dx$

$=\frac{1}{2}x+\frac{1}{4}\sin 2x+C$

(2) $\int \sin^2 3x\,dx=\int \frac{1-\cos 6x}{2}\,dx$

$=\frac{1}{2}x-\frac{1}{12}\sin 6x+C$

116 □

(1) $\int \sin 3x\cos 2x\,dx=\int \frac{1}{2}(\sin 5x+\sin x)\,dx$

$=-\frac{1}{10}\cos 5x-\frac{1}{2}\cos x+C$

(2) $\int \cos 2x\cos 3x\,dx=\int \frac{1}{2}\{\cos 5x+\cos(-x)\}\,dx$

$=\frac{1}{2}\int(\cos 5x+\cos x)\,dx$

$=\frac{1}{10}\sin 5x+\frac{1}{2}\sin x+C$

(3) $\int \sin 5x\sin 3x\,dx=-\frac{1}{2}\int(\cos 8x-\cos 2x)\,dx$

$=-\frac{1}{16}\sin 8x+\frac{1}{4}\sin 2x+C$

39 定積分

117 □ 次の定積分を求めなさい．

$$\int_1^2\left(x^3+\sqrt{x}-\frac{1}{x^2}\right)dx$$

方針 $\int_a^b(f+g)dx=\int_a^b f\,dx+\int_a^b g\,dx$ を利用する．

▶ $\int_a^b x^n dx=\left[\frac{1}{n+1}x^{n+1}\right]_a^b \quad (n\neq-1)$

118 □ 次の定積分を求めなさい．

$$\int_{-3}^{-2}(2x+3)^4dx$$

方針 展開せずに積分する．

▶ $\int_p^q(ax+b)^n dx=\left[\frac{1}{a(n+1)}(ax+b)^{n+1}\right]_p^q$

119 □ 次の定積分を求めなさい．

(1) $\int_0^{\frac{\pi}{2}}(\sin 3x-\cos 2x)dx$ (2) $\int_0^1 e^{4x}dx$

方針 $F'(x)=f(x)$ のとき，

$$\int_p^q f(ax+b)dx=\left[\frac{1}{a}F(ax+b)\right]_p^q$$

120 □ 次の定積分を求めなさい．

(1) $\int_0^{\frac{\pi}{4}}\tan^2 x\,dx$ (2) $\int_{\frac{\pi}{6}}^{\frac{\pi}{3}}\frac{dx}{\sin^2 x\cos^2 x}$

方針 上手に変形してから，積分する．

▶ $1+\tan^2 x=\frac{1}{\cos^2 x}$

▶ $\frac{1}{\sin^2 x\cos^2 x}=\frac{\sin^2 x+\cos^2 x}{\sin^2 x\cos^2 x}=\frac{1}{\cos^2 x}+\frac{1}{\sin^2 x}$

ANSWER

117 □

$$\int_1^2\left(x^3+\sqrt{x}-\frac{1}{x^2}\right)dx=\int_1^2\left(x^3+x^{\frac{1}{2}}-x^{-2}\right)dx$$
$$=\left[\frac{1}{4}x^4+\frac{2}{3}x^{\frac{3}{2}}+\frac{1}{x}\right]_1^2$$
$$=\frac{1}{4}(16-1)+\frac{2}{3}(2\sqrt{2}-1)+\left(\frac{1}{2}-1\right)$$
$$=\mathbf{\frac{31}{12}+\frac{4\sqrt{2}}{3}}$$

118 □

$$\int_{-3}^{-2}(2x+3)^4dx=\left[\frac{1}{10}(2x+3)^5\right]_{-3}^{-2}$$
$$=\frac{1}{10}\{(-1)^5-(-3)^5\}=\mathbf{\frac{121}{5}}$$

119 □

(1) $$\int_0^{\frac{\pi}{2}}(\sin 3x-\cos 2x)dx=\left[-\frac{1}{3}\cos 3x-\frac{1}{2}\sin 2x\right]_0^{\frac{\pi}{2}}$$
$$=-\frac{1}{3}(0-1)-\frac{1}{2}(0-0)=\mathbf{\frac{1}{3}}$$

(2) $$\int_0^1 e^{4x}dx=\left[\frac{1}{4}e^{4x}\right]_0^1=\mathbf{\frac{e^4-1}{4}}$$

120 □

(1) $$\int_0^{\frac{\pi}{4}}\tan^2 x\,dx=\int_0^{\frac{\pi}{4}}\left(\frac{1}{\cos^2 x}-1\right)dx$$
$$=\Big[\tan x-x\Big]_0^{\frac{\pi}{4}}=\mathbf{1-\frac{\pi}{4}}$$

(2) $$\int_{\frac{\pi}{6}}^{\frac{\pi}{3}}\frac{dx}{\sin^2 x\cos^2 x}=\int_{\frac{\pi}{6}}^{\frac{\pi}{3}}\left(\frac{1}{\cos^2 x}+\frac{1}{\sin^2 x}\right)dx$$
$$=\left[\tan x-\frac{1}{\tan x}\right]_{\frac{\pi}{6}}^{\frac{\pi}{3}}=\left(\sqrt{3}-\frac{1}{\sqrt{3}}\right)-\left(\frac{1}{\sqrt{3}}-\sqrt{3}\right)=\mathbf{\frac{4\sqrt{3}}{3}}$$

40 定積分の計算

121 □

次の定積分を求めなさい.

(1) $\displaystyle\int_{-2}^{2}(x^3+3x^2-5x+6)dx$ (2) $\displaystyle\int_{-3}^{3}xe^{-x^2}dx$

(3) $\displaystyle\int_{-\frac{\pi}{2}}^{\frac{\pi}{2}}\sin^2 x\,dx$

方針 偶関数, 奇関数に分割して考える.

$f(x)$ が偶関数なら, $\displaystyle\int_{-a}^{a}f(x)dx=2\int_{0}^{a}f(x)dx$

$f(x)$ が奇関数なら, $\displaystyle\int_{-a}^{a}f(x)dx=0$

122 □

次の定積分を求めなさい.

$$\int_{0}^{2}|x^2-1|dx$$

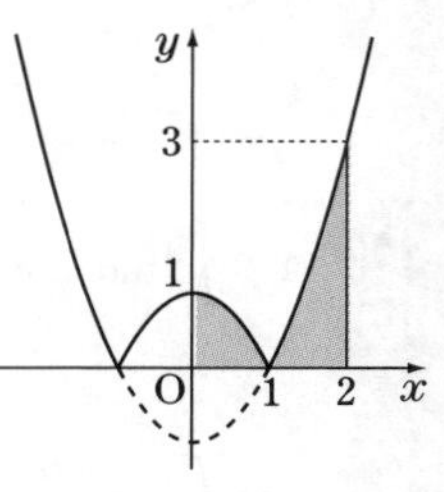

方針 場合分けして, 絶対値記号をはずす.
そのために, 積分区間を分割する.

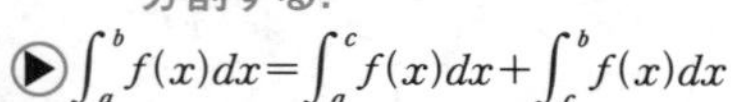

▶ $\displaystyle\int_{a}^{b}f(x)dx=\int_{a}^{c}f(x)dx+\int_{c}^{b}f(x)dx$

▶ この定積分は, 図のような図形の面積を表している.

ANSWER

121
□

(1)
$$\int_{-2}^{2}(x^3+3x^2-5x+6)dx$$
$$=\int_{-2}^{2}(3x^2+6)dx+\int_{-2}^{2}(x^3-5x)dx$$
$$=2\int_{0}^{2}(3x^2+6)dx+0$$
$$=2\Big[x^3+6x\Big]_0^2$$
$$=\mathbf{40}$$

(2) xe^{-x^2} は奇関数であるから
$$\int_{-3}^{3}xe^{-x^2}dx=\mathbf{0}$$

(3)
$$\int_{-\frac{\pi}{2}}^{\frac{\pi}{2}}\sin^2 x\,dx=2\int_{0}^{\frac{\pi}{2}}\sin^2 x\,dx$$
$$=2\int_{0}^{\frac{\pi}{2}}\frac{1-\cos 2x}{2}dx$$
$$=\Big[x-\frac{1}{2}\sin 2x\Big]_0^{\frac{\pi}{2}}$$
$$=\boldsymbol{\frac{\pi}{2}}$$

122
□

$0\leqq x<1$ のとき，$|x^2-1|=-x^2+1$
$1\leqq x\leqq 2$ のとき，$|x^2-1|=x^2-1$
であるから
$$\int_{0}^{2}|x^2-1|dx=\int_{0}^{1}(-x^2+1)dx+\int_{1}^{2}(x^2-1)dx$$
$$=\Big[-\frac{1}{3}x^3+x\Big]_0^1+\Big[\frac{1}{3}x^3-x\Big]_1^2$$
$$=\frac{2}{3}+\left(\frac{7}{3}-1\right)$$
$$=\mathbf{2}$$

41 定積分の置換積分(1)

123 □ 次の定積分を求めなさい．

$$\int_0^1 3x^2\sqrt{x^3+1}\,dx$$

方針 $\{f(g(x))\}'=f'(g(x))g'(x)$ より

$$\int_a^b f'(g(x))g'(x)dx=\Big[f(g(x))\Big]_a^b$$

124 □ 次の定積分を求めなさい．

$$\int_0^{\frac{\pi}{2}}\sin^3 x\,dx$$

方針 $\sin^3 x=\sin^2 x\cdot\sin x=(1-\cos^2 x)\sin x$

125 □ 次の定積分を求めなさい．

$$\int_0^{\frac{\pi}{4}}\tan x\,dx$$

方針 $\tan x=\dfrac{\sin x}{\cos x}=-\dfrac{(\cos x)'}{\cos x}$

126 □ 次の定積分を求めなさい．

$$\int_1^2 x\sqrt{2-x}\,dx$$

方針 $\sqrt{2-x}=t$ とおく．

▶ $2-x=t^2$ より，$x=2-t^2$

$\dfrac{dx}{dt}=-2t$ より，$dx=-2t\,dt$

▶ 積分区間を変更することも忘れないように．

A N S W E R

123

$$\int_0^1 3x^2\sqrt{x^3+1}\,dx=\int_0^1 (x^3+1)^{\frac{1}{2}}(x^3+1)'\,dx$$

$$=\left[\frac{2}{3}(x^3+1)^{\frac{3}{2}}\right]_0^1=\mathbf{\frac{2}{3}(2\sqrt{2}-1)}$$

124

$$\int_0^{\frac{\pi}{2}}\sin^3 x\,dx$$

$$=\int_0^{\frac{\pi}{2}}\sin^2 x\cdot\sin x\,dx=\int_0^{\frac{\pi}{2}}(1-\cos^2 x)\sin x\,dx$$

$$=\int_0^{\frac{\pi}{2}}\{\sin x+\cos^2 x(\cos x)'\}dx$$

$$=\left[-\cos x+\frac{1}{3}\cos^3 x\right]_0^{\frac{\pi}{2}}=-(0-1)+\frac{1}{3}(0-1)=\mathbf{\frac{2}{3}}$$

(参考) $\sin^3 x=\frac{3}{4}\sin x-\frac{1}{4}\sin 3x$ を利用してもよい.

125

$$\int_0^{\frac{\pi}{4}}\tan x\,dx$$

$$=\int_0^{\frac{\pi}{4}}\frac{\sin x}{\cos x}dx=-\int_0^{\frac{\pi}{4}}\frac{(\cos x)'}{\cos x}dx$$

$$=\left[-\log|\cos x|\right]_0^{\frac{\pi}{4}}=-\left(\log\frac{1}{\sqrt{2}}-\log 1\right)=\log\sqrt{2}=\mathbf{\frac{1}{2}\log 2}$$

126

$\sqrt{2-x}=t$ とおくと, $x=2-t^2$

$\frac{dx}{dt}=-2t$ より, $dx=-2t\,dt$

x	$1 \to 2$
t	$1 \to 0$

$$\int_1^2 x\sqrt{2-x}\,dx$$

$$=\int_1^0 (2-t^2)t\cdot(-2t)dt=2\int_0^1 (2t^2-t^4)dt$$

$$=2\left[\frac{2}{3}t^3-\frac{1}{5}t^5\right]_0^1=2\left(\frac{2}{3}-\frac{1}{5}\right)=\mathbf{\frac{14}{15}}$$

5 積分法

42 定積分の置換積分(2)

127 □ 次の定積分を求めなさい．

$$\int_0^1 \sqrt{1-x^2}\,dx$$

方針 $x=\sin\theta$ とおく．

▶ $1-x^2=1-\sin^2\theta=\cos^2\theta$

$dx=\cos\theta\, d\theta$

x	$0 \to 1$
θ	$0 \to \dfrac{\pi}{2}$

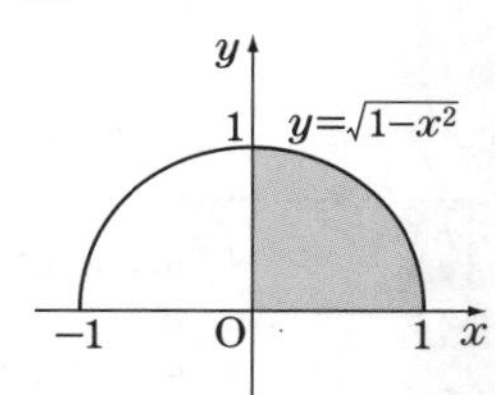

128 □ 次の定積分を求めなさい．

$$\int_0^1 \frac{dx}{1+x^2}$$

方針 $x=\tan\theta$ とおく．

▶ $1+x^2=1+\tan^2\theta=\dfrac{1}{\cos^2\theta}$

$dx=\dfrac{1}{\cos^2\theta}\,d\theta$

x	$0 \to 1$
θ	$0 \to \dfrac{\pi}{4}$

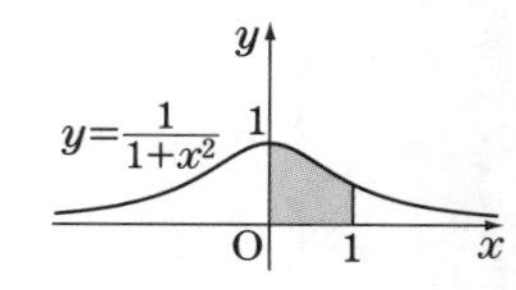

A N S W E R

127 □

$x=\sin\theta$ とおくと,

x	$0 \to 1$
θ	$0 \to \frac{\pi}{2}$

$\frac{dx}{d\theta}=\cos\theta$ より, $dx=\cos\theta\, d\theta$

$$\int_0^1 \sqrt{1-x^2}\,dx=\int_0^{\frac{\pi}{2}}\sqrt{1-\sin^2\theta}\cdot\cos\theta\, d\theta$$
$$=\int_0^{\frac{\pi}{2}}\sqrt{\cos^2\theta}\cdot\cos\theta\, d\theta=\int_0^{\frac{\pi}{2}}\cos\theta\cdot\cos\theta\, d\theta$$
$$=\int_0^{\frac{\pi}{2}}\cos^2\theta\, d\theta=\int_0^{\frac{\pi}{2}}\frac{1+\cos 2\theta}{2}d\theta$$
$$=\frac{1}{2}\left[\theta+\frac{1}{2}\sin 2\theta\right]_0^{\frac{\pi}{2}}$$
$$=\frac{1}{2}\left\{\left(\frac{\pi}{2}-0\right)+\frac{1}{2}(\sin\pi-\sin 0)\right\}$$
$$=\frac{1}{2}\left(\frac{\pi}{2}+0\right)=\frac{\pi}{4}$$

(参考) この値は, 半径 1 の円の面積 π の $\frac{1}{4}$ を表す.

128 □

$x=\tan\theta$ とおくと,

x	$0 \to 1$
θ	$0 \to \frac{\pi}{4}$

$\frac{dx}{d\theta}=\frac{1}{\cos^2\theta}$ より, $dx=\frac{1}{\cos^2\theta}d\theta$

$$\int_0^1 \frac{dx}{1+x^2}=\int_0^{\frac{\pi}{4}}\frac{1}{1+\tan^2\theta}\cdot\frac{1}{\cos^2\theta}d\theta$$
$$=\int_0^{\frac{\pi}{4}}\cos^2\theta\cdot\frac{1}{\cos^2\theta}d\theta$$
$$=\int_0^{\frac{\pi}{4}}1d\theta=\left[\theta\right]_0^{\frac{\pi}{4}}=\frac{\pi}{4}$$

43 定積分の部分積分(1)

129 □

次の定積分を求めなさい．

$$\int_0^1 xe^{-x}dx$$

方針 次の公式を利用する．

$$\int_a^b fg'\,dx=\Big[fg\Big]_a^b-\int_a^b f'g\,dx$$

---

130 □

次の定積分を求めなさい．

$$\int_0^{\frac{\pi}{2}} x\sin x\,dx$$

方針 x, $\sin x$ のどちらを積分し，どちらを微分するかを正しく判断する．

▶ $\sin x$ を積分し，x を微分する．

ANSWER

129 □

$$\int_0^1 xe^{-x}dx=\int_0^1 x(-e^{-x})'dx$$
$$=\Big[x\cdot(-e^{-x})\Big]_0^1-\int_0^1 1\cdot(-e^{-x})dx$$
$$=\Big[-xe^{-x}\Big]_0^1+\int_0^1 e^{-x}dx$$
$$=-\left(\frac{1}{e}-0\right)+\Big[-e^{-x}\Big]_0^1$$
$$=-\frac{1}{e}-\left(\frac{1}{e}-1\right)$$
$$=\mathbf{1-\frac{2}{e}}$$

130 □

$$\int_0^{\frac{\pi}{2}} x\sin x\,dx=\int_0^{\frac{\pi}{2}} x(-\cos x)'\,dx$$
$$=\Big[x\cdot(-\cos x)\Big]_0^{\frac{\pi}{2}}-\int_0^{\frac{\pi}{2}} 1\cdot(-\cos x)dx$$
$$=\Big[-x\cos x\Big]_0^{\frac{\pi}{2}}+\int_0^{\frac{\pi}{2}}\cos x\,dx$$
$$=0+\Big[\sin x\Big]_0^{\frac{\pi}{2}}$$
$$=\mathbf{1}$$

44 定積分の部分積分(2)

131 □

次の定積分を求めなさい.

$$\int_0^1 \log(x+1)dx$$

方針 $\log(x+1)=1\cdot\log(x+1)$ と考えて部分積分する.

$$\int_a^b f'g\,dx=\Big[fg\Big]_a^b-\int_a^b fg'dx$$

▶ $\displaystyle\int_0^1 1\cdot\log(x+1)dx$

$$=\Big[(x+1)\log(x+1)\Big]_0^1-\int_0^1(x+1)\cdot\frac{1}{x+1}dx$$

---

132 □

次の定積分を求めなさい.

$$\int_a^b (x-a)(x-b)dx$$

方針 部分積分を利用する.

▶ 置換積分を利用してもよい.

▶ もちろん, 展開してふつうに計算してもよい.

$$\int_a^b (x-a)(x-b)dx=\int_a^b\{x^2-(a+b)x+ab\}dx$$

$$=\left[\frac{1}{3}x^3-\frac{1}{2}(a+b)x^2+abx\right]_a^b$$

$$=\frac{1}{3}(b^3-a^3)-\frac{1}{2}(a+b)(b^2-a^2)+ab(b-a)$$

$$=\frac{1}{6}(b-a)\{2(b^2+ab+a^2)-3(a+b)^2+6ab\}$$

$$=\frac{1}{6}(b-a)(-b^2+2ab-a^2)$$

$$=-\frac{1}{6}(b-a)(b^2-2ab+a^2)=-\frac{1}{6}(b-a)^3$$

A N S W E R

131 □

$$\int_0^1 \log(x+1)dx$$
$$=\int_0^1 1\cdot\log(x+1)dx$$
$$=\int_0^1 (x+1)'\log(x+1)dx$$
$$=\Big[(x+1)\log(x+1)\Big]_0^1-\int_0^1 (x+1)\cdot\frac{1}{x+1}dx$$
$$=(2\log 2-0)-\int_0^1 1dx$$
$$=2\log 2-\Big[x\Big]_0^1$$
$$=\mathbf{2\log 2-1}$$

132 □

$$\int_a^b (x-a)(x-b)dx$$
$$=\int_a^b \left\{\frac{1}{2}(x-a)^2\right\}'(x-b)dx$$
$$=\left[\frac{1}{2}(x-a)^2\cdot(x-b)\right]_a^b-\int_a^b \frac{1}{2}(x-a)^2\cdot 1dx$$
$$=0-\frac{1}{2}\left[\frac{1}{3}(x-a)^3\right]_a^b$$
$$=-\frac{1}{6}\{(b-a)^3-0^3\}$$
$$=\mathbf{-\frac{1}{6}(b-a)^3}$$

(参考) $x-a=t$ とおくと,

$$\int_a^b (x-a)(x-b)dx=\int_0^{b-a} t(t+a-b)dt$$
$$=\int_0^{b-a} \{t^2-(b-a)t\}dt$$
$$=\left[\frac{1}{3}t^3-\frac{1}{2}(b-a)t^2\right]_0^{b-a}$$
$$=\frac{1}{3}(b-a)^3-\frac{1}{2}(b-a)\cdot(b-a)^2$$
$$=-\frac{1}{6}(b-a)^3$$

45 定積分で表された関数

133 □

次の式を満たす関数 $f(x)$ を求めなさい．

$$f(x)=\tan x-\int_0^{\frac{\pi}{2}} f(t)\cos t\,dt$$

方針 $\int_0^{\frac{\pi}{2}} f(t)\cos t\,dt=k$ とおく．

▶ $\int_0^{\frac{\pi}{2}} f(t)\cos t\,dt$ は定数であるから，$=k$ とおくと

$$f(x)=\tan x-k$$

▶ $k=\int_0^{\frac{\pi}{2}}(\tan t-k)\cos t\,dt$

---

134 □

$\int_a^x \log t\,dt$ を x で微分しなさい．

方針 $\frac{d}{dx}\int_a^x f(t)dt=f(x)$

▶ 上の式の左辺は，$\frac{d}{dx}\left(\int_a^x f(t)dt\right)$ の意味である．

---

135 □

$\int_a^{2x}\frac{1}{1+t^2}dt$ を x で微分しなさい．

方針 積分区間の上端が $2x$ なので，合成関数の微分法を利用することになる．

---

136 □

$F(x)=\int_a^x (x-t)f(t)dt$ について，$F''(x)$ を求めなさい．

方針 x は t の積分に関しては定数であるので，積分の外に出してから微分する．

▶ $F(x)=x\int_a^x f(t)dt-\int_a^x tf(t)dt$

A N S W E R

133

$\int_0^{\frac{\pi}{2}} f(t)\cos t\,dt=k$ とおくと，$f(x)=\tan x-k$

よって，$k=\int_0^{\frac{\pi}{2}}(\tan t-k)\cos t\,dt$

$$=\int_0^{\frac{\pi}{2}}\sin t\,dt-k\int_0^{\frac{\pi}{2}}\cos t\,dt$$

$$=\Big[-\cos t\Big]_0^{\frac{\pi}{2}}-k\Big[\sin t\Big]_0^{\frac{\pi}{2}}$$

$$=-(0-1)-k(1-0)$$

$$=1-k$$

したがって，　$k=\frac{1}{2}$

ゆえに，　$f(x)=\mathbf{\tan x-\frac{1}{2}}$

134

$\frac{d}{dx}\int_a^x \log t\,dt=\mathbf{\log x}$

135

$\frac{1}{1+t^2}$ の原始関数の１つを $F(t)$ とおくと，$F'(t)=\frac{1}{1+t^2}$

$$\int_a^{2x}\frac{1}{1+t^2}dt=\Big[F(t)\Big]_a^{2x}=F(2x)-F(a)$$

よって，　$\frac{d}{dx}\int_a^{2x}\frac{1}{1+t^2}dt=\frac{d}{dx}\{F(2x)-F(a)\}$

$$=F'(2x)\cdot(2x)'-0$$

$$=\frac{1}{1+(2x)^2}\cdot 2=\mathbf{\frac{2}{1+4x^2}}$$

136

$F(x)=x\int_a^x f(t)dt-\int_a^x tf(t)dt$

$F'(x)=1\cdot\int_a^x f(t)dt+x\cdot f(x)-xf(x)=\int_a^x f(t)dt$

ゆえに，　$F''(x)=\mathbf{f(x)}$

46 区分求積法

137 □ 次の極限値を求めなさい．

$$\lim_{n\to\infty}\frac{1}{n}\left(e^{\frac{1}{n}}+e^{\frac{2}{n}}+e^{\frac{3}{n}}+\cdots+e^{\frac{n}{n}}\right)$$

方針 図形の面積と結びつけ，定積分の計算を行う．

▶ $\displaystyle\lim_{n\to\infty}\sum_{k=1}^{n} f\left(\frac{k}{n}\right)\cdot\frac{1}{n}$

$\displaystyle=\int_0^1 f(x)dx$

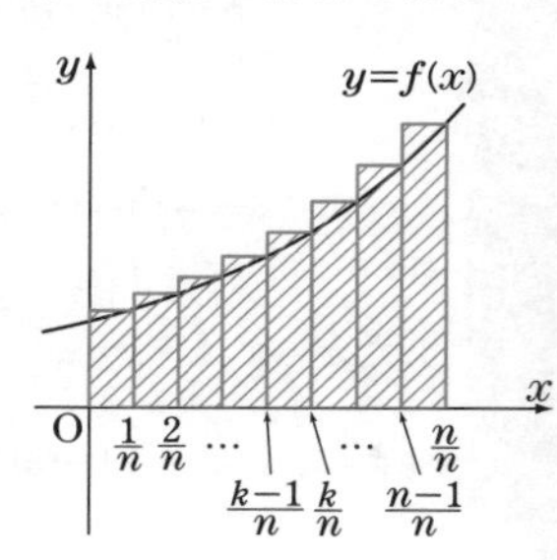

---

138 □ 次の極限値を求めなさい．

(1) $\displaystyle\lim_{n\to\infty}\left(\sqrt{\frac{1}{n^3}}+\sqrt{\frac{2}{n^3}}+\sqrt{\frac{3}{n^3}}+\cdots+\sqrt{\frac{n}{n^3}}\right)$

(2) $\displaystyle\lim_{n\to\infty}\left(\frac{1}{n+1}+\frac{1}{n+2}+\frac{1}{n+3}+\cdots+\frac{1}{n+n}\right)$

方針 Σ記号を用いて表してから変形し，区分求積法を利用する．

▶ $\displaystyle\sum_{k=1}^{n}\sqrt{\frac{k}{n^3}}=\sum_{k=1}^{n}\sqrt{\frac{k}{n}}\cdot\frac{1}{n}$

▶ $\displaystyle\sum_{k=1}^{n}\frac{1}{n+k}=\sum_{k=1}^{n}\frac{1}{1+\frac{k}{n}}\cdot\frac{1}{n}$

ANSWER

137

$$\lim_{n\to\infty}\frac{1}{n}\left(e^{\frac{1}{n}}+e^{\frac{2}{n}}+e^{\frac{3}{n}}+\cdots+e^{\frac{n}{n}}\right)$$

$$=\lim_{n\to\infty}\frac{1}{n}\sum_{k=1}^{n}e^{\frac{k}{n}}=\lim_{n\to\infty}\sum_{k=1}^{n}e^{\frac{k}{n}}\cdot\frac{1}{n}$$

$$=\int_0^1 e^x dx$$

$$=\Big[e^x\Big]_0^1=\boldsymbol{e-1}$$

(参考) 次のように対比させて覚えるとよい.

$\lim_{n\to\infty}\sum_{k=1}^{n}f\left(\frac{k}{n}\right)\cdot\frac{1}{n}$	$\lim_{n\to\infty}\sum_{k=1}^{n}$	$\frac{k}{n}$	$f\left(\frac{k}{n}\right)$	$\frac{1}{n}$
$\int_0^1 f(x)dx$	$\int_0^1$	x	$f(x)$	dx

138

(1) $$\lim_{n\to\infty}\left(\sqrt{\frac{1}{n^3}}+\sqrt{\frac{2}{n^3}}+\sqrt{\frac{3}{n^3}}+\cdots+\sqrt{\frac{n}{n^3}}\right)$$

$$=\lim_{n\to\infty}\sum_{k=1}^{n}\sqrt{\frac{k}{n^3}}$$

$$=\lim_{n\to\infty}\sum_{k=1}^{n}\sqrt{\frac{k}{n}}\cdot\frac{1}{n}$$

$$=\int_0^1\sqrt{x}\,dx=\int_0^1 x^{\frac{1}{2}}dx$$

$$=\left[\frac{2}{3}x^{\frac{3}{2}}\right]_0^1=\boldsymbol{\frac{2}{3}}$$

(2) $$\lim_{n\to\infty}\left(\frac{1}{n+1}+\frac{1}{n+2}+\frac{1}{n+3}+\cdots+\frac{1}{n+n}\right)$$

$$=\lim_{n\to\infty}\sum_{k=1}^{n}\frac{1}{n+k}=\lim_{n\to\infty}\sum_{k=1}^{n}\frac{1}{1+\frac{k}{n}}\cdot\frac{1}{n}$$

$$=\int_0^1\frac{1}{1+x}dx=\Big[\log|1+x|\Big]_0^1=\boldsymbol{\log 2}$$

47 定積分と不等式

139 □ $0 \leqq x \leqq 1$ において $xe^{x^2} \leqq e^{x^2} \leqq e^x$ が成り立つことを利用して，次の不等式を証明しなさい．

$$\frac{e-1}{2} < \int_0^1 e^{x^2}dx < e-1$$

方針 $f(x) < g(x)$ ならば $\int_0^1 f(x)dx < \int_0^1 g(x)dx$

▶ e^{x^2} は $e^{(x^2)}$ の意味である．

▶ 積分区間 $[0,\ 1]$ において，関数の大小を考えればよい．

$0 \leqq x \leqq 1$ において，$x \leqq 1$，$e^x > 0$ であるから，$xe^x \leqq e^x$

等号成立は，$x=1$ のときのみである．

また，$0 \leqq x \leqq 1$ において，$x^2 \leqq x$ であるから，$e^{x^2} \leqq e^x$

等号成立は，$x=0,\ 1$ のときのみである．

140 □ n を 2 以上の自然数とするとき，次の不等式を証明しなさい．

$$\frac{1}{2^2} + \frac{1}{3^2} + \frac{1}{4^2} + \cdots + \frac{1}{n^2} < 1 - \frac{1}{n}$$

方針 面積の大小を利用する．

▶ $y=\frac{1}{x^2}$ のグラフを利用して面積の大小を比較し，定積分の計算を行う．

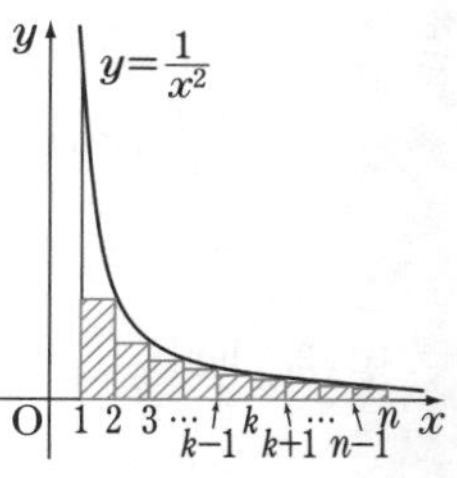

★ $\frac{1}{k^2} < \frac{1}{(k-1)k} = \frac{1}{k-1} - \frac{1}{k}$ を利用することもできる．

★ 数学的帰納法を用いて証明することもできる．

ANSWER

139

$0 \leqq x \leqq 1$ において $xe^{x^2} \leqq e^{x^2} \leqq e^x$ であり，
等号が成り立つのは $x=0,\ 1$ のときのみであるから，

$$\int_0^1 xe^{x^2}dx < \int_0^1 e^{x^2}dx < \int_0^1 e^x dx$$

ここで，
$$\int_0^1 xe^{x^2}dx = \int_0^1 \left\{\frac{1}{2}\cdot(x^2)'\right\}e^{x^2}dx$$
$$= \frac{1}{2}\int_0^1 e^{x^2}\cdot(x^2)'\,dx$$
$$= \frac{1}{2}\Big[e^{x^2}\Big]_0^1 = \frac{e-1}{2}$$
$$\int_0^1 e^x dx = \Big[e^x\Big]_0^1 = e-1$$

ゆえに，
$$\frac{e-1}{2} < \int_0^1 e^{x^2}dx < e-1$$

140

$k-1 \leqq x \leqq k$ において，

$y=\dfrac{1}{x^2}$ は減少関数であるから，

$$\frac{1}{k^2} \leqq \frac{1}{x^2}$$

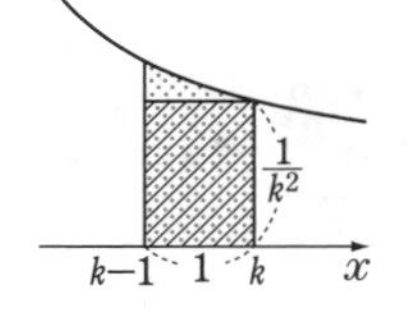

よって，$\displaystyle\int_{k-1}^k \frac{1}{k^2}dx < \int_{k-1}^k \frac{1}{x^2}dx$

この式の左辺は右上図の斜線部の長方形の面積で $\dfrac{1}{k^2}$ であり，右辺は打点部（赤色）の図形の面積である．

よって，
$$\frac{1}{k^2} < \int_{k-1}^k \frac{1}{x^2}dx$$

$k=2,\ 3,\ 4,\ \cdots,\ n$ として，辺々加えて

$$\frac{1}{2^2}+\frac{1}{3^2}+\frac{1}{4^2}+\cdots+\frac{1}{n^2}$$
$$< \int_1^2 \frac{1}{x^2}dx + \int_2^3 \frac{1}{x^2}dx + \int_3^4 \frac{1}{x^2}dx + \cdots + \int_{n-1}^n \frac{1}{x^2}dx$$
$$= \int_1^n \frac{1}{x^2}dx = \left[-\frac{1}{x}\right]_1^n = 1-\frac{1}{n}$$

48 面　積(1)

141 □

曲線 $y=e^x$ と x 軸，y 軸および直線 $x=1$ で囲まれた図形の面積を求めなさい．

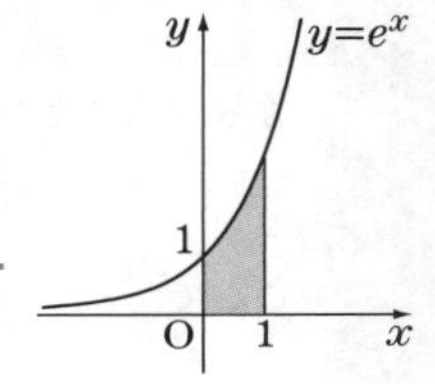

方針 e^x を 0 から 1 まで積分する．

142 □

曲線 $y=\cos x$ $\left(0\leqq x\leqq\dfrac{\pi}{2}\right)$ と x 軸，y 軸とで囲まれた図形の面積を求めなさい．

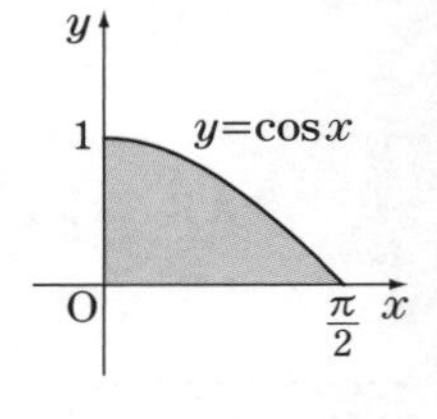

方針 $\cos x$ を 0 から $\dfrac{\pi}{2}$ まで積分する．

143 □

曲線 $y=x-\sqrt{x}$ と x 軸とで囲まれた図形の面積を求めなさい．

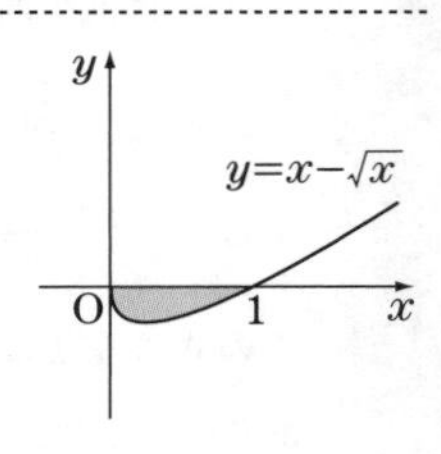

方針 x 軸よりも下側にある部分の図形の面積を求めるので，$-(x-\sqrt{x})$ を 0 から 1 まで積分する．

144 □

曲線 $x=y\sqrt{1-y^2}$ $(0\leqq y\leqq 1)$ と y 軸とで囲まれた図形の面積を求めなさい．

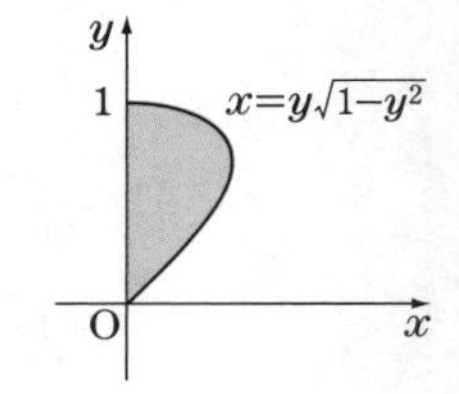

方針 $y\sqrt{1-y^2}$ を y について 0 から 1 まで積分する．

ANSWER

141 □

$S=\int_0^1 e^x dx$

$=\Big[e^x\Big]_0^1$

$=\boldsymbol{e-1}$

142 □

$S=\int_0^{\frac{\pi}{2}} \cos x\, dx$

$=\Big[\sin x\Big]_0^{\frac{\pi}{2}}$

$=\boldsymbol{1}$

143 □

$S=-\int_0^1 (x-\sqrt{x})dx$

$=-\left[\frac{1}{2}x^2-\frac{2}{3}x^{\frac{3}{2}}\right]_0^1$

$=-\left\{\left(\frac{1}{2}-\frac{2}{3}\right)-0\right\}$

$=\boldsymbol{\frac{1}{6}}$

144 □

$S=\int_0^1 y\sqrt{1-y^2}\,dy=\int_0^1 y(1-y^2)^{\frac{1}{2}}dy$

$=\int_0^1 \left(-\frac{1}{2}\right)(1-y^2)^{\frac{1}{2}}(-2y)dy$

$=-\frac{1}{2}\int_0^1 (1-y^2)^{\frac{1}{2}}(1-y^2)'\,dy$

$=-\frac{1}{2}\left[\frac{2}{3}(1-y^2)^{\frac{3}{2}}\right]_0^1$

$=-\frac{1}{3}(0-1)$

$=\boldsymbol{\frac{1}{3}}$

49 面　積(2)

145 □

$\frac{\pi}{4} \leqq x \leqq \frac{5\pi}{4}$ において，2 曲線 $y=\sin x$，$y=\cos x$ で囲まれた図形の面積を求めなさい．

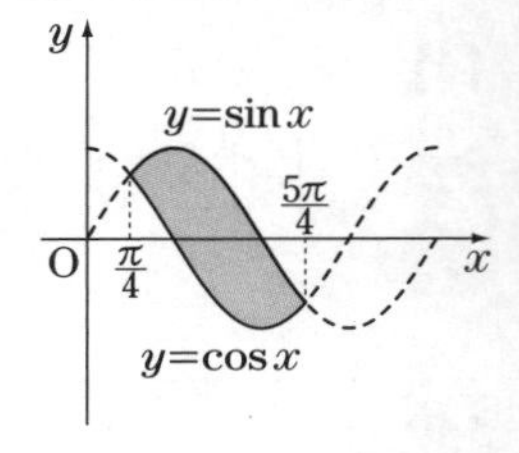

方針 2 曲線の上下関係に注意する．

$$S=\int_a^b \left| f(x)-g(x) \right| dx$$

▶ $f(x)$，$g(x)$ の大小を調べ，絶対値記号をはずしてから積分する．

---

146 □

2 曲線 $y^2=4x$，$x^2=4y$ で囲まれた図形の面積を求めなさい．

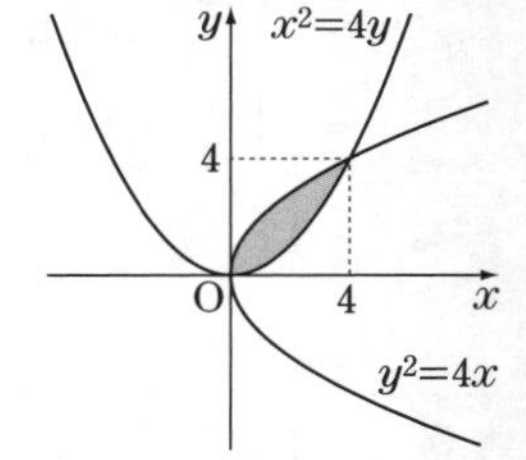

方針 交点の座標を求め，積分区間を定める．

▶ 第 1 象限においては
$y^2=4x$ より $y=2\sqrt{x}$

ANSWER

145 □ $\frac{\pi}{4} \leqq x \leqq \frac{5\pi}{4}$ において

$$\sin x \geqq \cos x$$

であるから,

$$S=\int_{\frac{\pi}{4}}^{\frac{5\pi}{4}}(\sin x-\cos x)dx=\left[-\cos x-\sin x\right]_{\frac{\pi}{4}}^{\frac{5\pi}{4}}$$

$$=-\left(\cos\frac{5\pi}{4}-\cos\frac{\pi}{4}\right)-\left(\sin\frac{5\pi}{4}-\sin\frac{\pi}{4}\right)$$

$$=-\left(-\frac{\sqrt{2}}{2}-\frac{\sqrt{2}}{2}\right)-\left(-\frac{\sqrt{2}}{2}-\frac{\sqrt{2}}{2}\right)$$

$$=\mathbf{2\sqrt{2}}$$

---

146 □ $x^2=4y$ より　　$y=\frac{1}{4}x^2$　　……①

また，第1象限において

$y^2=4x$ より　　$y=2\sqrt{x}$　　……②

①，②より　　$\frac{1}{4}x^2=2\sqrt{x}$

$$x=0,\ 4$$

$0 \leqq x \leqq 4$ において

$$2\sqrt{x} \geqq \frac{1}{4}x^2$$

であるから,

$$S=\int_0^4\left(2\sqrt{x}-\frac{1}{4}x^2\right)dx$$

$$=\left[\frac{4}{3}x^{\frac{3}{2}}-\frac{1}{12}x^3\right]_0^4$$

$$=\frac{4}{3}\cdot 8-\frac{1}{12}\cdot 4^3$$

$$=\frac{32}{3}-\frac{16}{3}=\mathbf{\frac{16}{3}}$$

50 面 積(3)

147 □ 曲線 $C: y=x^3-4x$ 上の点 $(-1,\ 3)$ における接線を l とする．
l と C とで囲まれた図形の面積を求めなさい．

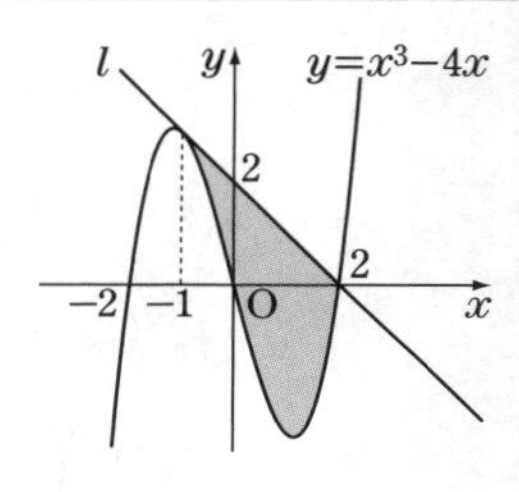

方針 l の方程式を求め，C の方程式と連立させて交点の x 座標を求める．

▶ $(-x+2)-(x^3-4x)=-(x+1)^2(x-2)$

▶ $\int_{-1}^{2}(x+1)^2(x-2)dx$ は，部分積分するとよい．

▶ $x+1=t$ とおいて，置換積分してもよい．

▶ $(x+1)^2(x-2)=(x+1)^3-3(x+1)^2$ と変形して積分してもよい．

148 □ 媒介変数 t を用いて

$$\begin{cases} x=t+1 \\ y=t^2-1 \end{cases}$$

で表される曲線と x 軸とで囲まれた図形の面積を求めなさい．

方針 媒介変数 t についての積分になおして計算する．

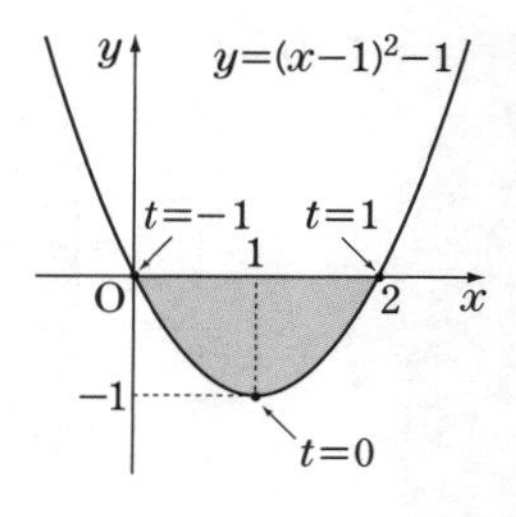

▶ $0\leqq x\leqq 2$ において，$y\leqq 0$ である．

▶ $S=\int_{0}^{2}(-y)dx$
$=\int_{-1}^{1}(-y)\dfrac{dx}{dt}dt$

ANSWER

147 □

$y=x^3-4x$ より　$y'=3x^2-4$

よって，接線 l の方程式は

$$y-3=(-1)\cdot(x+1)$$
$$y=-x+2$$

これと　$y=x^3-4x$　より

$$x^3-4x=-x+2$$
$$x^3-3x-2=0$$
$$(x+1)^2(x-2)=0$$
$$x=-1,\ 2$$

$-1\leqq x\leqq 2$ において $-x+2\geqq x^3-4x$ であるから，

$$S=\int_{-1}^{2}\{(-x+2)-(x^3-4x)\}dx$$
$$=\int_{-1}^{2}\{-(x+1)^2(x-2)\}dx$$
$$=-\int_{-1}^{2}(x+1)^2(x-2)dx$$
$$=-\left\{\left[\frac{1}{3}(x+1)^3(x-2)\right]_{-1}^{2}-\int_{-1}^{2}\frac{1}{3}(x+1)^3\cdot 1\cdot dx\right\}$$
$$=-\left\{0-\frac{1}{3}\left[\frac{1}{4}(x+1)^4\right]_{-1}^{2}\right\}=\frac{1}{12}\cdot 3^4=\frac{27}{4}$$

148 □

$y=0$ より　$t=-1,\ 1$

$t=-1$ のとき　$(x,\ y)=(0,\ 0)$

$t=1$　のとき　$(x,\ y)=(2,\ 0)$

$-1\leqq t\leqq 1$ において　$y\leqq 0$

また，$x=t+1$ より　$dx=dt$

ゆえに，

$$S=\int_{0}^{2}(-y)dx=\int_{-1}^{1}(-t^2+1)dt$$
$$=2\int_{0}^{1}(-t^2+1)dt$$
$$=2\left[-\frac{1}{3}t^3+t\right]_{0}^{1}=\frac{4}{3}$$

51 面 積(4)

149 □

曲線 $\sqrt{x}+\sqrt{y}=1$ と x 軸および y 軸とで囲まれた図形の面積を求めなさい.

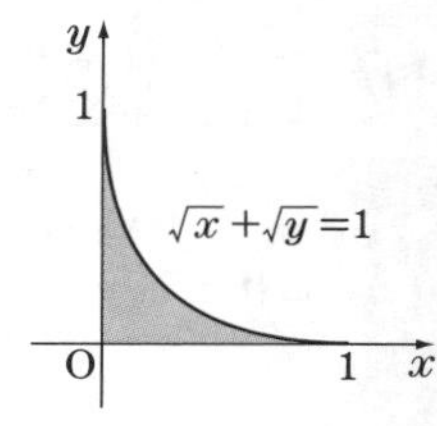

方針 曲線の概形から積分区間を定める.

▶ $\int_0^1 y\,dx=\int_0^1(1-\sqrt{x})^2dx$

(参考) この曲線を原点のまわりに 45° 回転すると，放物線

$y=\frac{\sqrt{2}}{2}x^2+\frac{\sqrt{2}}{4}$ (の一部) になる.

150 □

曲線 $2x^2-2xy+y^2=1$ で囲まれた図形の面積を求めなさい.

方針 y の 2 次方程式として整理し，判別式 $\geqq 0$ より，x の範囲を定める.

▶ $y=x\pm\sqrt{1-x^2}$

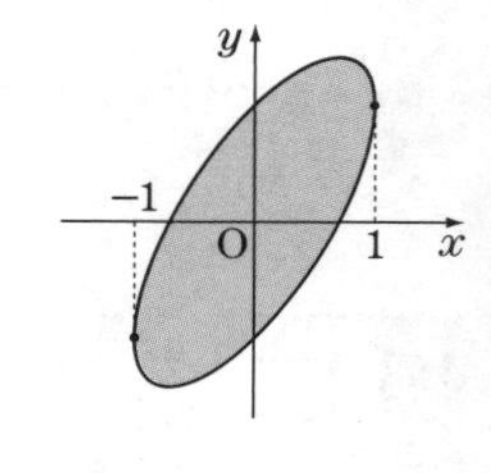

▶ $\int_{-1}^1\sqrt{1-x^2}\,dx$

$=2\int_0^1\sqrt{1-x^2}\,dx$

▶ $\int_0^1\sqrt{1-x^2}\,dx$ は半径 1 の円の面積 π の $\frac{1}{4}$ を表す.

なお，問題 127 参照.

(参考) この曲線は，楕円である.

ANSWER

149

$\sqrt{x}+\sqrt{y}=1$ より　$y=(1-\sqrt{x})^2$

図形が存在するのは $0\leqq x\leqq 1$ の範囲であるから

$$S=\int_0^1 y\,dx=\int_0^1(1-\sqrt{x})^2dx$$
$$=\int_0^1(1-2\sqrt{x}+x)dx$$
$$=\left[x-\frac{4}{3}x^{\frac{3}{2}}+\frac{1}{2}x^2\right]_0^1$$
$$=1-\frac{4}{3}+\frac{1}{2}=\mathbf{\frac{1}{6}}$$

150

$2x^2-2xy+y^2=1$ より

$$y^2-2xy+(2x^2-1)=0$$
$$y=x\pm\sqrt{x^2-(2x^2-1)}$$
$$=x\pm\sqrt{1-x^2}$$

$1-x^2\geqq 0$ より　$-1\leqq x\leqq 1$

よって,

$$S=\int_{-1}^1\{(x+\sqrt{1-x^2})-(x-\sqrt{1-x^2})\}dx$$
$$=\int_{-1}^1 2\sqrt{1-x^2}\,dx=2\cdot 2\int_0^1\sqrt{1-x^2}\,dx$$
$$=4\int_0^1\sqrt{1-x^2}\,dx$$

ここで, $\int_0^1\sqrt{1-x^2}\,dx$ は半径 1 の円の面積の $\frac{1}{4}$ を表すので

$$\int_0^1\sqrt{1-x^2}\,dx=\pi\cdot 1^2\times\frac{1}{4}=\frac{\pi}{4}$$

ゆえに,

$$S=4\cdot\frac{\pi}{4}=\pi$$

(参考) $x=\sin\theta$ とおくと,

$$\int_0^1\sqrt{1-x^2}\,dx=\int_0^{\frac{\pi}{2}}\cos\theta\cdot\cos\theta\,d\theta$$
$$=\int_0^{\frac{\pi}{2}}\cos^2\theta\,d\theta=\frac{1}{2}\cdot\frac{\pi}{2}=\frac{\pi}{4}$$

52 体　積(1)

151 □

底面積 S，高さ h の角錐の体積を，積分を利用して求めなさい．

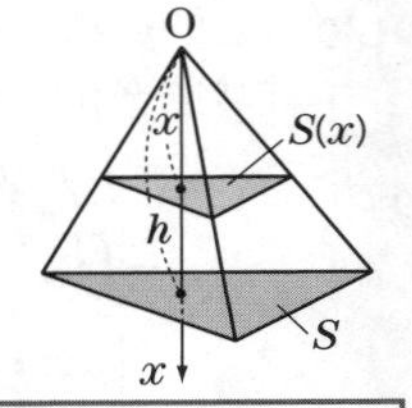

方針　底面に垂直な座標軸を定め，座標軸に垂直な断面の面積を積分する．

$$V=\int_a^b S(x)dx$$

---

152 □

半径 a の2本の円柱が互いの中心線が垂直になるように交わっている．このとき，2本の円柱の共通部分の体積を求めなさい．

〔図1〕〔図2〕

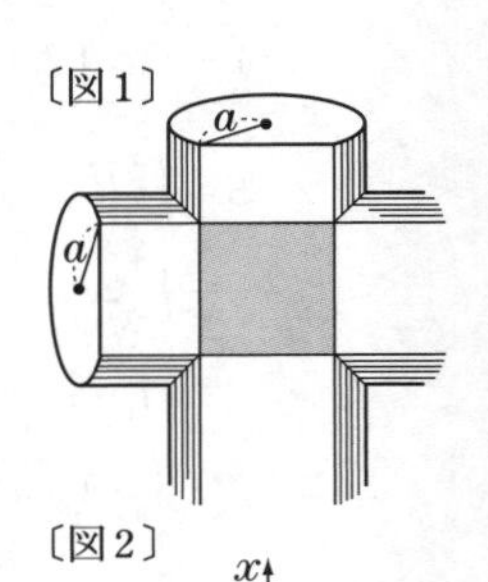

方針　直交する中心線の交点を通り，両方の中心線に垂直な座標軸を定め，座標軸に垂直な断面の面積を積分する．

▶ 断面は正方形になる〔図1〕．

▶ 中心線からの高さが x のところの断面は，1辺が $2\sqrt{a^2-x^2}$ の正方形である〔図2〕．

▶ 対称性を考えて，$0\leqq x\leqq a$ の部分の体積を求めて2倍する．

A N S W E R

151

左ページの図のように座標軸を定める．
断面積を $S(x)$ とすると

$$S(x) : S = x^2 : h^2$$

よって，　$S(x)=\dfrac{Sx^2}{h^2}=\dfrac{S}{h^2}x^2$

ゆえに，

$$\begin{aligned} V &= \int_0^h S(x)dx \\ &= \int_0^h \frac{S}{h^2}x^2dx \\ &= \frac{S}{h^2}\int_0^h x^2dx \\ &= \frac{S}{h^2}\left[\frac{1}{3}x^3\right]_0^h \\ &= \frac{S}{h^2}\cdot\frac{1}{3}h^3 = \boldsymbol{\frac{1}{3}Sh} \end{aligned}$$

152

〔図 2〕のように座標軸を定め，断面積を $S(x)$ とすると

$$S(x)=(2\sqrt{a^2-x^2})^2=4(a^2-x^2)$$

ゆえに，

$$\begin{aligned} V &= 2\int_0^a S(x)dx \\ &= 2\int_0^a 4(a^2-x^2)dx \\ &= 8\int_0^a (a^2-x^2)dx \\ &= 8\left[a^2x-\frac{1}{3}x^3\right]_0^a \\ &= 8\cdot\frac{2}{3}a^3 \\ &= \boldsymbol{\frac{16}{3}a^3} \end{aligned}$$

53 体　積(2)

153 □

半径 r の球の体積を，積分を利用して求めなさい．

方針 半円を直径のまわりに１回転してできる立体が球であると考える．

▶回転体の体積の公式

$$V=\pi\int_a^b\{f(x)\}^2dx$$

▶対称性を考えて，$0\leqq x\leqq r$ の部分の体積を求めて２倍する．

▶円の方程式は　$x^2+y^2=r^2$

$y\geqq0$ のとき，$y=\sqrt{r^2-x^2}$

154 □

媒介変数 t を用いて

$$\begin{cases}x=1-t^2\\y=t+1\end{cases}$$

で表される曲線と y 軸とで囲まれた図形を，y 軸のまわりに１回転してできる立体の体積を求めなさい．

方針 $\pi\int_0^2x^2dy$ を計算する．

▶$\dfrac{dy}{dt}=1$ より，$dy=dt$

▶$V=\pi\int_0^2x^2dy$

$\quad=\pi\int_{-1}^1x^2\dfrac{dy}{dt}dt$

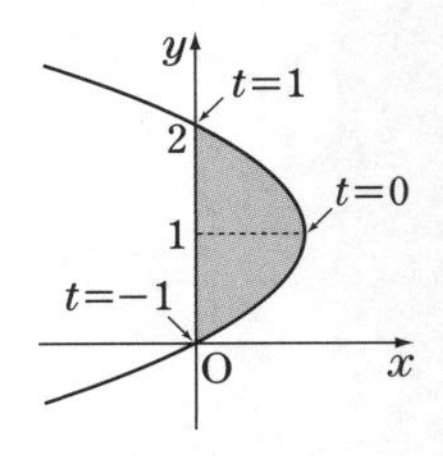

ANSWER

153
$$V=2\cdot\pi\int_0^r y^2dx$$
$$=2\pi\int_0^r(\sqrt{r^2-x^2})^2dx$$
$$=2\pi\int_0^r(r^2-x^2)dx$$
$$=2\pi\left[r^2x-\frac{1}{3}x^3\right]_0^r$$
$$=2\pi\cdot\frac{2}{3}r^3$$
$$=\boldsymbol{\frac{4}{3}\pi r^3}$$

154 立体が存在するのは $0\leqq y\leqq 2$ の範囲であるから
$$V=\pi\int_0^2 x^2dy$$
ここで，$x=1-t^2$

また，　$y=t+1$　より　$\dfrac{dy}{dt}=1$，$dy=dt$

y	$0\to 2$
t	$-1\to 1$

ゆえに，
$$V=\pi\int_{-1}^1(1-t^2)^2dt$$
$$=2\pi\int_0^1(1-t^2)^2dt$$
$$=2\pi\int_0^1(1-2t^2+t^4)dt$$
$$=2\pi\left[t-\frac{2}{3}t^3+\frac{1}{5}t^5\right]_0^1$$
$$=2\pi\left(1-\frac{2}{3}+\frac{1}{5}\right)$$
$$=\boldsymbol{\frac{16}{15}\pi}$$

54 体　積(3)

155 □ 直線 $y=x$ と曲線 $y=\sqrt{x}$ とで囲まれた図形を x 軸のまわりに1回転してできる立体の体積を求めなさい.

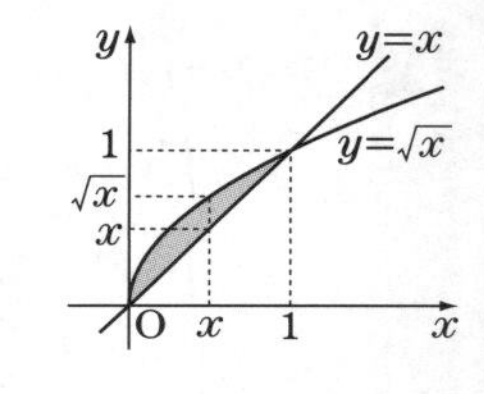

方針 x 軸に垂直な断面の面積は，2円の面積の差である.

▶ 断面積は,

$\pi(\sqrt{x})^2-\pi x^2=\pi(x-x^2)$

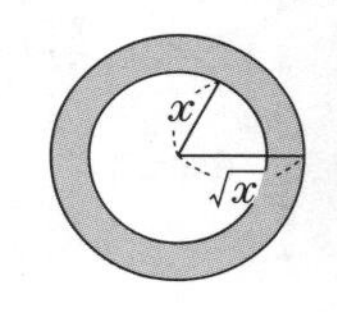

★ 断面積を $\pi(\sqrt{x}-x)^2$ とするのはまちがいである.

---

156 □ 放物線 $y=x^2-2x$ と直線 $y=x$ とで囲まれた図形を x 軸のまわりに1回転してできる立体の体積を求めなさい.

方針 回転したとき，重なる部分ができる．そのため，あらかじめ，$y\leqq 0$ の部分を x 軸に関して対称移動して，$y\geqq 0$ の部分として考える.

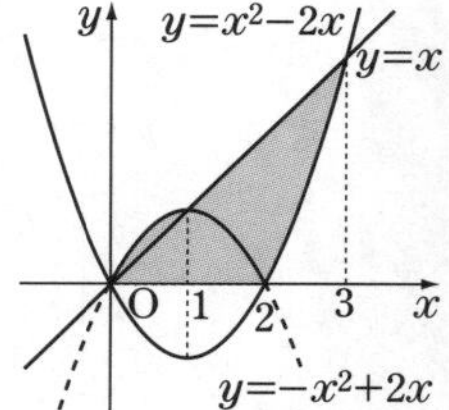

▶ いろいろな求め方があるが

$$\pi\int_0^1(-x^2+2x)^2dx+\pi\int_1^3 x^2dx-\pi\int_2^3(x^2-2x)^2dx$$

を計算するとよい.

7 積分法の応用2

ANSWER

155

図形が存在するのは，$0 \leqq x \leqq 1$ の範囲である．断面積を $S(x)$ とすると

$$S(x) = \pi(\sqrt{x})^2 - \pi x^2$$
$$= \pi(x - x^2)$$

ゆえに，

$$V = \int_0^1 \pi(x - x^2)dx = \pi\int_0^1 (x - x^2)dx$$
$$= \pi\left[\frac{1}{2}x^2 - \frac{1}{3}x^3\right]_0^1$$
$$= \frac{\pi}{6}$$

156

$$V = \pi\int_0^1 (-x^2 + 2x)^2 dx + \pi\int_1^3 x^2 dx - \pi\int_2^3 (x^2 - 2x)^2 dx$$

ここで，

$$\int_0^1 (-x^2 + 2x)^2 dx = \int_0^1 (x^4 - 4x^3 + 4x^2)dx$$
$$= \left[\frac{1}{5}x^5 - x^4 + \frac{4}{3}x^3\right]_0^1 = \frac{8}{15}$$

$$\int_1^3 x^2 dx = \left[\frac{1}{3}x^3\right]_1^3 = \frac{26}{3}$$

$$\int_2^3 (x^2 - 2x)^2 dx = \int_2^3 (x^4 - 4x^3 + 4x^2)dx$$
$$= \left[\frac{1}{5}x^5 - x^4 + \frac{4}{3}x^3\right]_2^3$$
$$= \frac{211}{5} - 65 + \frac{76}{3}$$
$$= \frac{38}{15}$$

ゆえに，

$$V = \pi\left(\frac{8}{15} + \frac{26}{3} - \frac{38}{15}\right)$$
$$= \frac{20}{3}\pi$$

55 曲線の長さ(1)

157 □

曲線 $y=\dfrac{2}{3}x^{\frac{3}{2}}$ の $0\leqq x\leqq 3$ の部分の長さを求めなさい.

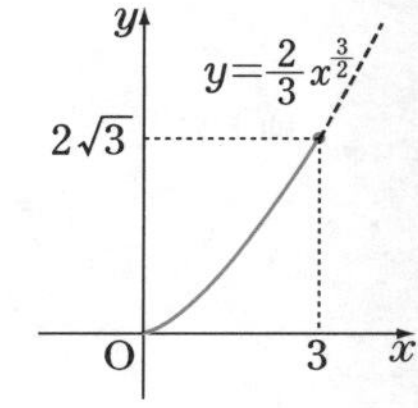

方針 $\displaystyle\int_a^b \sqrt{1+\left(\frac{dy}{dx}\right)^2}\,dx$ を利用する.

158 □

カテナリー　$y=\dfrac{e^x+e^{-x}}{2}$ の $0\leqq x\leqq k$ の部分の長さを求めなさい.

方針 $\displaystyle\int_a^b \sqrt{1+\left(\frac{dy}{dx}\right)^2}\,dx$ を利用する.

▶計算していくと，根号がはずれる.

(参考) カテナリーについては，右の図の長さ L と面積 S とは比例する.

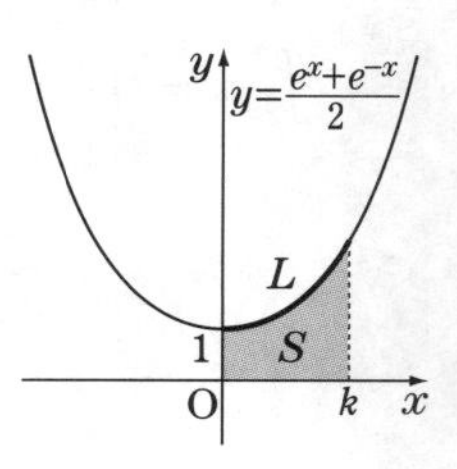

ANSWER

157 □

$\dfrac{dy}{dx}=x^{\frac{1}{2}}$

$1+\left(\dfrac{dy}{dx}\right)^2=1+\left(x^{\frac{1}{2}}\right)^2=1+x$

ゆえに,

$$\begin{aligned}L&=\int_0^3\sqrt{1+x}\,dx=\int_0^3(1+x)^{\frac{1}{2}}dx\\&=\left[\frac{2}{3}(1+x)^{\frac{3}{2}}\right]_0^3\\&=\frac{2}{3}(8-1)\\&=\boldsymbol{\frac{14}{3}}\end{aligned}$$

158 □

$\dfrac{dy}{dx}=\dfrac{e^x-e^{-x}}{2}$

$$\begin{aligned}1+\left(\frac{dy}{dx}\right)^2&=1+\left(\frac{e^x-e^{-x}}{2}\right)^2=\frac{4+(e^x)^2-2+(e^{-x})^2}{4}\\&=\frac{(e^x)^2+2+(e^{-x})^2}{4}=\left(\frac{e^x+e^{-x}}{2}\right)^2\end{aligned}$$

ゆえに,

$$\begin{aligned}L&=\int_0^k\sqrt{\left(\frac{e^x+e^{-x}}{2}\right)^2}\,dx=\int_0^k\frac{e^x+e^{-x}}{2}dx\\&=\left[\frac{e^x-e^{-x}}{2}\right]_0^k\\&=\boldsymbol{\frac{e^k-e^{-k}}{2}}\end{aligned}$$

(参考) 左ページの図で,

$$S=\int_0^k\frac{e^x+e^{-x}}{2}dx=\left[\frac{e^x-e^{-x}}{2}\right]_0^k=\frac{e^k-e^{-k}}{2}$$

56 曲線の長さ(2)

159 □ 曲線 $\begin{cases} x=r\cos\theta \\ y=r\sin\theta \end{cases}$ $\left(0 \leqq \theta \leqq \dfrac{\pi}{2}\right)$ の長さを求めなさい．

方針 $\displaystyle\int_a^b \sqrt{\left(\frac{dx}{d\theta}\right)^2+\left(\frac{dy}{d\theta}\right)^2}\,d\theta$ を利用する．

▶この曲線は，円 $x^2+y^2=r^2$ の $\dfrac{1}{4}$ である．

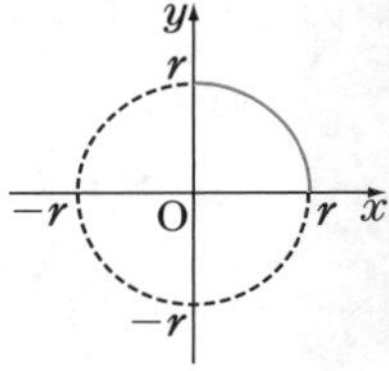

---

160 □ アステロイド $\begin{cases} x=\cos^3\theta \\ y=\sin^3\theta \end{cases}$ $(0 \leqq \theta \leqq 2\pi)$ の長さを求めなさい．

方針 $\displaystyle\int_a^b \sqrt{\left(\frac{dx}{d\theta}\right)^2+\left(\frac{dy}{d\theta}\right)^2}\,d\theta$ を利用する．

▶対称性を考慮し，$0 \leqq \theta \leqq \dfrac{\pi}{2}$ の部分の長さを求めて，4 倍すればよい．

▶$\displaystyle\int \sin\theta\cos\theta\,d\theta=\int \sin\theta(\sin\theta)'\,d\theta=\frac{1}{2}\sin^2\theta+C$

ANSWER

159

$$\frac{dx}{d\theta}=r(-\sin\theta)=-r\sin\theta$$

$$\frac{dy}{d\theta}=r\cos\theta$$

$$\left(\frac{dx}{d\theta}\right)^2+\left(\frac{dy}{d\theta}\right)^2=(-r\sin\theta)^2+(r\cos\theta)^2$$
$$=r^2(\sin^2\theta+\cos^2\theta)$$
$$=r^2$$

ゆえに,

$$L=\int_0^{\frac{\pi}{2}}\sqrt{r^2}\,d\theta=\int_0^{\frac{\pi}{2}}r\,d\theta=r\int_0^{\frac{\pi}{2}}d\theta$$
$$=r\cdot\frac{\pi}{2}$$
$$=\boldsymbol{\frac{1}{2}\pi r}$$

160

$$\frac{dx}{d\theta}=3\cos^2\theta\cdot(-\sin\theta)$$

$$\frac{dy}{d\theta}=3\sin^2\theta\cos\theta$$

$$\left(\frac{dx}{d\theta}\right)^2+\left(\frac{dy}{d\theta}\right)^2=3^2(\cos^4\theta\sin^2\theta+\sin^4\theta\cos^2\theta)$$
$$=3^2\cdot\sin^2\theta\cos^2\theta(\cos^2\theta+\sin^2\theta)$$
$$=3^2\cdot\sin^2\theta\cos^2\theta=(3\sin\theta\cos\theta)^2$$

ゆえに,

$$L=4\int_0^{\frac{\pi}{2}}\sqrt{(3\sin\theta\cos\theta)^2}\,d\theta=4\int_0^{\frac{\pi}{2}}3\sin\theta\cos\theta\,d\theta$$
$$=12\int_0^{\frac{\pi}{2}}\sin\theta(\sin\theta)'\,d\theta$$
$$=12\left[\frac{1}{2}\sin^2\theta\right]_0^{\frac{\pi}{2}}$$
$$=\boldsymbol{6}$$

(参考) $\int\sin\theta\cos\theta\,d\theta=\int\frac{1}{2}\sin 2\theta\,d\theta=-\frac{1}{4}\cos 2\theta+C'$ と考えてもよい.

7 積分法の応用2

57 ベクトルの和・差・実数倍

161 □

右のような 9 個の正三角形が集まってできた図形がある．次のベクトルを簡単にしなさい．

(1) $\overrightarrow{AB}+\overrightarrow{IH}$　(2) $\overrightarrow{OC}+2\overrightarrow{GH}$

(3) $2\overrightarrow{HG}-\overrightarrow{CD}$　(4) $3\overrightarrow{OI}-2\overrightarrow{OB}$

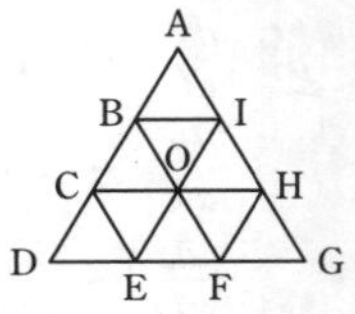

方針 計算しやすいように，ベクトルを平行移動して考える．

▶ $\overrightarrow{AB}+\overrightarrow{BC}=\overrightarrow{AC}$

$\overrightarrow{AC}-\overrightarrow{AB}=\overrightarrow{BC}$

$\overrightarrow{AC}-\overrightarrow{BC}=\overrightarrow{AB}$

162 □

次の計算をしなさい．

(1) $5(3\vec{a}-2\vec{b})+2(-4\vec{a}+3\vec{b})$

(2) $2(4\vec{a}-3\vec{b})-3(5\vec{a}-4\vec{b})$

方針 ふつうの文字式と同様に計算する．

163 □

右の五角形 ABCDE で，次の式が成り立つことを証明しなさい．

$$\overrightarrow{AC}+\overrightarrow{BD}+\overrightarrow{CE}=\overrightarrow{AD}+\overrightarrow{BE}$$

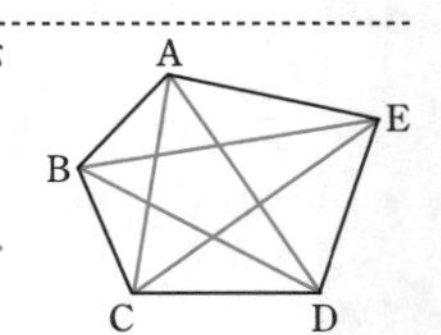

方針 ベクトルの始点をそろえて計算する．

▶ $\overrightarrow{BD}=\overrightarrow{AD}-\overrightarrow{AB}$

164 □

右の図で，3 点 L，M，N は三角形 ABC の各辺の中点である．このとき，$\overrightarrow{BG}$ を $\overrightarrow{LM}$，$\overrightarrow{LN}$ で表しなさい．

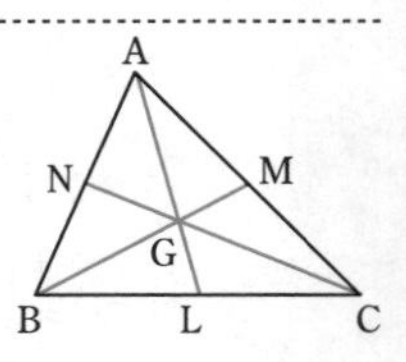

方針 G が三角形 ABC の重心であることを利用する．

▶ $\overrightarrow{BG}=\dfrac{2}{3}\overrightarrow{BM}$

▶ $\overrightarrow{BA}=2\overrightarrow{LM}$，$\overrightarrow{CA}=2\overrightarrow{LN}$

A N S W E R

161

(1) $\overrightarrow{AB}+\overrightarrow{IH}=\overrightarrow{AB}+\overrightarrow{BO}=\boldsymbol{\overrightarrow{AO}}$ （$\boldsymbol{\overrightarrow{BE}}$，$\boldsymbol{\overrightarrow{IF}}$も正解）

(2) $\overrightarrow{OC}+2\overrightarrow{GH}=\overrightarrow{GF}+\overrightarrow{FB}=\boldsymbol{\overrightarrow{GB}}$

(3) $2\overrightarrow{HG}-\overrightarrow{CD}=\overrightarrow{IG}-\overrightarrow{IO}=\boldsymbol{\overrightarrow{OG}}$ （$\boldsymbol{\overrightarrow{BH}}$，$\boldsymbol{\overrightarrow{CF}}$ も正解）

(4) $3\overrightarrow{OI}-2\overrightarrow{OB}=\overrightarrow{DA}-\overrightarrow{HA}=\boldsymbol{\overrightarrow{DH}}$

162

(1) $5(3\vec{a}-2\vec{b})+2(-4\vec{a}+3\vec{b})=15\vec{a}-10\vec{b}-8\vec{a}+6\vec{b}$
$=\boldsymbol{7\vec{a}-4\vec{b}}$

(2) $2(4\vec{a}-3\vec{b})-3(5\vec{a}-4\vec{b})=8\vec{a}-6\vec{b}-15\vec{a}+12\vec{b}$
$=\boldsymbol{-7\vec{a}+6\vec{b}}$

163

$$\begin{aligned}\overrightarrow{AC}+\overrightarrow{BD}+\overrightarrow{CE}&=\overrightarrow{AC}+(\overrightarrow{AD}-\overrightarrow{AB})+(\overrightarrow{AE}-\overrightarrow{AC})\\&=\overrightarrow{AD}-\overrightarrow{AB}+\overrightarrow{AE}\\&=\overrightarrow{AD}+(\overrightarrow{AE}-\overrightarrow{AB})\\&=\overrightarrow{AD}+\overrightarrow{BE}\end{aligned}$$

164

$$\overrightarrow{BG}=\frac{2}{3}\overrightarrow{BM}=\frac{2}{3}\cdot\frac{\overrightarrow{BA}+\overrightarrow{BC}}{2}=\frac{\overrightarrow{BA}+\overrightarrow{BC}}{3}$$

ここで，$\overrightarrow{BA}=2\overrightarrow{LM}$，$\overrightarrow{CA}=2\overrightarrow{LN}$ であるから

$$\overrightarrow{BC}=\overrightarrow{BA}-\overrightarrow{CA}=2\overrightarrow{LM}-2\overrightarrow{LN}$$

ゆえに，$\overrightarrow{BG}=\dfrac{2\overrightarrow{LM}+(2\overrightarrow{LM}-2\overrightarrow{LN})}{3}=\boldsymbol{\dfrac{4\overrightarrow{LM}-2\overrightarrow{LN}}{3}}$

(参考) $\overrightarrow{AB}=\vec{b}$，$\overrightarrow{AC}=\vec{c}$ とおくと

$$\overrightarrow{BG}=\frac{2}{3}\overrightarrow{BM}=\frac{2}{3}(\overrightarrow{AM}-\overrightarrow{AB})$$

$$=\frac{2}{3}\left(\frac{1}{2}\vec{c}-\vec{b}\right)=\frac{1}{3}\vec{c}-\frac{2}{3}\vec{b}$$

ここで，$\overrightarrow{LM}=-\dfrac{1}{2}\vec{b}$，$\overrightarrow{LN}=-\dfrac{1}{2}\vec{c}$ より

$$\vec{b}=-2\overrightarrow{LM},\ \vec{c}=-2\overrightarrow{LN}$$

ゆえに，$\overrightarrow{BG}=\dfrac{1}{3}\cdot(-2\overrightarrow{LN})-\dfrac{2}{3}\cdot(-2\overrightarrow{LM})=\dfrac{4}{3}\overrightarrow{LM}-\dfrac{2}{3}\overrightarrow{LN}$

58 ベクトルの成分

165 □

$\vec{a}=(-3,\ 4)$, $\vec{b}=(2,\ -5)$ のとき

$$2(5\vec{a}-9\vec{b})-3(2\vec{a}-5\vec{b})$$

を成分で表しなさい.

方針 カッコをはずして整理してから, 成分を代入する.

---

166 □

座標平面上に 3 点 A(2, 3), B(4, −2), C(−3, 1) がある.

(1) 四角形 ABPC が平行四辺形になるような点 P の座標を求めなさい.

(2) 四角形 ABCQ が平行四辺形になるような点 Q の座標を求めなさい.

方針 平行四辺形 ABCD において
$\overrightarrow{AB}=\overrightarrow{DC}$, $\overrightarrow{AD}=\overrightarrow{BC}$

▶対角線の中点が一致することを利用してもよい.

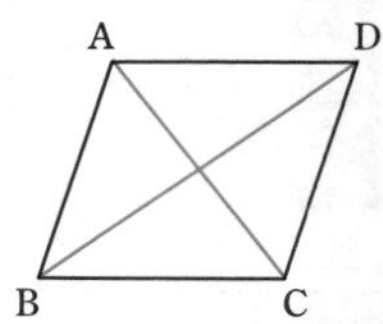

---

167 □

3 つのベクトル $\vec{a}=(3,\ 2)$, $\vec{b}=(4,\ -1)$, $\vec{c}=(6,\ -7)$ について

$$\vec{c}=x\vec{a}+y\vec{b}$$

を満たす x, y を求めなさい.

方針 成分を代入して, x, y の連立方程式を解く.

---

168 □

$\vec{a}=(7,\ -24)$ と同じ向きの単位ベクトル $\vec{x}$, および逆向きの単位ベクトル $\vec{y}$ を求めなさい.

方針 $\vec{a}\neq\vec{0}$ のとき, $\vec{a}$と同じ向きの単位ベクトルは

$$\frac{\vec{a}}{|\vec{a}|}$$

▶$\vec{a}$ と逆向きの単位ベクトルは

$$-\frac{\vec{a}}{|\vec{a}|}$$

A N S W E R

165

$$2(5\vec{a}-9\vec{b})-3(2\vec{a}-5\vec{b})$$
$$=10\vec{a}-18\vec{b}-6\vec{a}+15\vec{b}$$
$$=4\vec{a}-3\vec{b}$$
$$=4(-3,\ 4)-3(2,\ -5)=(-12,\ 16)-(6,\ -15)$$
$$=(-18,\ 31)$$

166

(1) $\overrightarrow{AB}=\overrightarrow{CP}$ であるから，$P(x,\ y)$ とすると

$$(2,\ -5)=(x+3,\ y-1)$$

よって，$x+3=2$，$y-1=-5$ より　$x=-1$，$y=-4$

ゆえに，$P(-1,\ -4)$

(2) $\overrightarrow{AQ}=\overrightarrow{BC}$ であるから，$Q(x,\ y)$ とすると

$$(x-2,\ y-3)=(-7,\ 3)$$

よって，$x-2=-7$，$y-3=3$ より　$x=-5$，$y=6$

ゆえに，$Q(-5,\ 6)$

167

$\vec{c}=x\vec{a}+y\vec{b}$ より

$$(6,\ -7)=x(3,\ 2)+y(4,\ -1)$$
$$=(3x+4y,\ 2x-y)$$

よって，$\begin{cases}3x+4y=6\\2x-y=-7\end{cases}$

これを解いて，$x=-2$，$y=3$

168

$$|\vec{a}|=\sqrt{7^2+(-24)^2}=25$$

ゆえに，$\vec{x}=\dfrac{\vec{a}}{25}$　すなわち，$\vec{x}=\left(\dfrac{7}{25},\ -\dfrac{24}{25}\right)$

$\vec{y}=-\dfrac{\vec{a}}{25}$　すなわち，$\vec{y}=\left(-\dfrac{7}{25},\ \dfrac{24}{25}\right)$

59 ベクトルの内積

169 □

右のような1辺の長さが1の正三角形が9個集まってできた図形がある。
このとき，次の内積を求めなさい。

(1) $\overrightarrow{CD}\cdot\overrightarrow{IG}$　　(2) $\overrightarrow{IC}\cdot\overrightarrow{OF}$

(3) $\overrightarrow{CF}\cdot\overrightarrow{FG}$　　(4) $\overrightarrow{IF}\cdot\overrightarrow{EH}$

(5) $\overrightarrow{AH}\cdot\overrightarrow{EC}$　　(6) $\overrightarrow{EB}\cdot\overrightarrow{IH}$

方針 内積が求めやすくなるように，ベクトルを平行移動して考える。

▶ $\vec{a}\cdot\vec{b}=|\vec{a}||\vec{b}|\cos\theta$

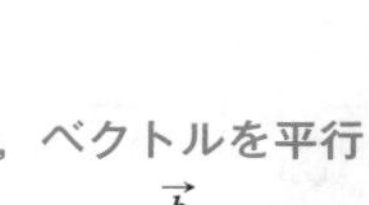

---

170 □

$\vec{a}=(4,\ -3)$，$\vec{b}=(-5,\ 2)$，$\vec{c}=(-7,\ 6)$ のとき

$$\vec{a}\cdot\vec{b}-\vec{a}\cdot\vec{c}$$

を求めなさい。

方針 変形してから，成分を代入する。

▶ $\vec{a}=(a_1,\ a_2)$，$\vec{b}=(b_1,\ b_2)$ のとき

$$\vec{a}\cdot\vec{b}=a_1b_1+a_2b_2$$

▶ $\vec{a}\cdot\vec{b}+\vec{a}\cdot\vec{c}=\vec{a}\cdot(\vec{b}+\vec{c})$

---

171 □

3つのベクトル $\vec{a}=(2,\ 6)$，$\vec{b}=(-2,\ 4)$，$\vec{c}=(3,\ -6)$ がある。

(1) $\vec{a}$ と $\vec{b}$ のなす角 α を求めなさい。

(2) $\vec{a}$ と $\vec{c}$ のなす角 β を求めなさい。

▶ $\vec{a}\cdot\vec{b}=|\vec{a}||\vec{b}|\cos\theta$ より　　$\cos\theta=\dfrac{\vec{a}\cdot\vec{b}}{|\vec{a}||\vec{b}|}$

---

172 □

平面上に4点 A(2, 3)，B(4, −2)，C(−3, 1)，D(6, y) がある。$\overrightarrow{AC}\perp\overrightarrow{BD}$ となるように y の値を定めなさい。

方針 $\overrightarrow{AC}$，$\overrightarrow{BD}$ を成分で表し，$\overrightarrow{AC}\cdot\overrightarrow{BD}=0$ を利用する。

ANSWER

169 □

(1) $\overrightarrow{CD}\cdot\overrightarrow{IG}=\overrightarrow{AB}\cdot\overrightarrow{AH}=1\cdot2\cdot\cos60°=1\cdot2\cdot\frac{1}{2}=\mathbf{1}$

(2) $\overrightarrow{IC}\cdot\overrightarrow{OF}=\overrightarrow{OD}\cdot\overrightarrow{OF}=\sqrt{3}\cdot1\cdot\cos90°=\sqrt{3}\cdot1\cdot0=\mathbf{0}$

(3) $\overrightarrow{CF}\cdot\overrightarrow{FG}=\overrightarrow{CF}\cdot\overrightarrow{CO}=\sqrt{3}\cdot1\cdot\cos30°=\sqrt{3}\cdot1\cdot\frac{\sqrt{3}}{2}=\mathbf{\frac{3}{2}}$

(4) $\overrightarrow{IF}\cdot\overrightarrow{EH}=\overrightarrow{BE}\cdot\overrightarrow{EH}=\sqrt{3}\cdot\sqrt{3}\cdot\cos120°=\sqrt{3}\cdot\sqrt{3}\cdot\left(-\frac{1}{2}\right)=\mathbf{-\frac{3}{2}}$

(5) $\overrightarrow{AH}\cdot\overrightarrow{EC}=\overrightarrow{AH}\cdot\overrightarrow{GH}=2\cdot1\cdot\cos180°=2\cdot1\cdot(-1)=\mathbf{-2}$

(6) $\overrightarrow{EB}\cdot\overrightarrow{IH}=\overrightarrow{EB}\cdot\overrightarrow{BO}=\sqrt{3}\cdot1\cdot\cos150°=\sqrt{3}\cdot1\cdot\left(-\frac{\sqrt{3}}{2}\right)=\mathbf{-\frac{3}{2}}$

170 □

$$\vec{a}\cdot\vec{b}-\vec{a}\cdot\vec{c}=\vec{a}\cdot(\vec{b}-\vec{c})$$

ここで，　$\vec{b}-\vec{c}=(-5,\ 2)-(-7,\ 6)=(2,\ -4)$

よって，　$\vec{a}\cdot(\vec{b}-\vec{c})=4\times2+(-3)\times(-4)=20$

すなわち，　$\vec{a}\cdot\vec{b}-\vec{a}\cdot\vec{c}=\mathbf{20}$

(参考) $\vec{a}\cdot\vec{b}=-26$，$\vec{a}\cdot\vec{c}=-46$

171 □

(1) $\cos\alpha=\frac{\vec{a}\cdot\vec{b}}{|\vec{a}||\vec{b}|}=\frac{20}{2\sqrt{10}\cdot2\sqrt{5}}=\frac{1}{\sqrt{2}}$

ゆえに，$\alpha=\mathbf{45°}$　$\left(\alpha=\mathbf{\frac{\pi}{4}}\right)$

(2) $\cos\beta=\frac{\vec{a}\cdot\vec{c}}{|\vec{a}||\vec{c}|}=\frac{-30}{2\sqrt{10}\cdot3\sqrt{5}}=-\frac{1}{\sqrt{2}}$

ゆえに，$\beta=\mathbf{135°}$　$\left(\beta=\mathbf{\frac{3}{4}\pi}\right)$

172 □

$$\overrightarrow{AC}=(-3,\ 1)-(2,\ 3)=(-5,\ -2)$$
$$\overrightarrow{BD}=(6,\ y)-(4,\ -2)=(2,\ y+2)$$

$\overrightarrow{AC}\perp\overrightarrow{BD}$ より $\overrightarrow{AC}\cdot\overrightarrow{BD}=0$ であるから

$$(-5)\times2+(-2)\times(y+2)=0$$
$$-10-2y-4=0$$

ゆえに，　$y=\mathbf{-7}$

60 内積の応用

173 □ 次の等式を証明しなさい．

(1) $|\vec{a}+\vec{b}|^2=|\vec{a}|^2+2\vec{a}\cdot\vec{b}+|\vec{b}|^2$

(2) $|\vec{a}-\vec{b}|^2=|\vec{a}|^2-2\vec{a}\cdot\vec{b}+|\vec{b}|^2$

(3) $(\vec{a}+\vec{b})\cdot(\vec{a}-\vec{b})=|\vec{a}|^2-|\vec{b}|^2$

▶ $|\vec{a}|^2=\vec{a}\cdot\vec{a}$

---

174 □ $|\vec{a}|=5$，$|\vec{b}|=6$，$\vec{a}\cdot\vec{b}=10$ のとき，$|\vec{a}+\vec{b}|$，$|\vec{a}-\vec{b}|$ を求めなさい．

▶ $|\vec{a}+\vec{b}|^2=|\vec{a}|^2+2\vec{a}\cdot\vec{b}+|\vec{b}|^2$
$|\vec{a}-\vec{b}|^2=|\vec{a}|^2-2\vec{a}\cdot\vec{b}+|\vec{b}|^2$

---

175 □ $|\vec{a}|=8$，$|\vec{b}|=5$，$|\vec{a}-\vec{b}|=7$ のとき，次の値を求めなさい．

(1) $\vec{a}\cdot\vec{b}$　　(2) $\vec{a}$ と $\vec{b}$ のなす角 θ

方針 $|\vec{a}-\vec{b}|^2=|\vec{a}|^2-2\vec{a}\cdot\vec{b}+|\vec{b}|^2$ に与えられた数値を代入する．

8 ベクトル

---

176 □ 座標平面上に3点 O(0, 0)，A(7, 2)，B(5, 9)がある．また，$\overrightarrow{\mathrm{OA}}$，$\overrightarrow{\mathrm{OB}}$ のなす角を θ とする．

(1) $\cos\theta$，$\sin\theta$ を求めなさい．

(2) 三角形 OAB の面積を求めなさい．

方針 まず，$\cos\theta=\dfrac{\overrightarrow{\mathrm{OA}}\cdot\overrightarrow{\mathrm{OB}}}{|\overrightarrow{\mathrm{OA}}||\overrightarrow{\mathrm{OB}}|}$ を求める．次に，$\sin\theta=\sqrt{1-\cos^2\theta}$ を求める．

▶ $\triangle\mathrm{OAB}=\dfrac{1}{2}\cdot\mathrm{OA}\cdot\mathrm{OB}\cdot\sin\theta$

ANSWER

173

(1) $|\vec{a}+\vec{b}|^2=(\vec{a}+\vec{b})\cdot(\vec{a}+\vec{b})$
$=\vec{a}\cdot\vec{a}+\vec{a}\cdot\vec{b}+\vec{b}\cdot\vec{a}+\vec{b}\cdot\vec{b}$
$=|\vec{a}|^2+2\vec{a}\cdot\vec{b}+|\vec{b}|^2$

(2) $|\vec{a}-\vec{b}|^2=(\vec{a}-\vec{b})\cdot(\vec{a}-\vec{b})$
$=\vec{a}\cdot\vec{a}-\vec{a}\cdot\vec{b}-\vec{b}\cdot\vec{a}+\vec{b}\cdot\vec{b}$
$=|\vec{a}|^2-2\vec{a}\cdot\vec{b}+|\vec{b}|^2$

(3) $(\vec{a}+\vec{b})\cdot(\vec{a}-\vec{b})=\vec{a}\cdot\vec{a}-\vec{a}\cdot\vec{b}+\vec{b}\cdot\vec{a}-\vec{b}\cdot\vec{b}$
$=|\vec{a}|^2-|\vec{b}|^2$

174

$|\vec{a}+\vec{b}|^2=|\vec{a}|^2+2\vec{a}\cdot\vec{b}+|\vec{b}|^2=5^2+2\times10+6^2=81$

よって, $|\vec{a}+\vec{b}|=\mathbf{9}$

$|\vec{a}-\vec{b}|^2=|\vec{a}|^2-2\vec{a}\cdot\vec{b}+|\vec{b}|^2=5^2-2\times10+6^2=41$

よって, $|\vec{a}-\vec{b}|=\sqrt{\mathbf{41}}$

175

(1) $|\vec{a}-\vec{b}|^2=|\vec{a}|^2-2\vec{a}\cdot\vec{b}+|\vec{b}|^2$ であるから

$7^2=8^2-2\vec{a}\cdot\vec{b}+5^2$

よって, $\vec{a}\cdot\vec{b}=\mathbf{20}$

(2) $\cos\theta=\dfrac{\vec{a}\cdot\vec{b}}{|\vec{a}||\vec{b}|}=\dfrac{20}{8\times5}=\dfrac{1}{2}$

ゆえに, $\theta=\mathbf{60^\circ}$ $\left(\theta=\dfrac{\pi}{3}\right)$

176

(1) $\cos\theta=\dfrac{\overrightarrow{OA}\cdot\overrightarrow{OB}}{|\overrightarrow{OA}||\overrightarrow{OB}|}=\dfrac{53}{\sqrt{53}\cdot\sqrt{106}}=\dfrac{1}{\sqrt{2}}$

よって, $\sin\theta=\sqrt{1-\left(\dfrac{1}{\sqrt{2}}\right)^2}=\dfrac{1}{\sqrt{2}}$

(2) $\triangle OAB=\dfrac{1}{2}\cdot OA\cdot OB\cdot\sin\theta$

$=\dfrac{1}{2}\cdot\sqrt{53}\cdot\sqrt{106}\cdot\dfrac{1}{\sqrt{2}}=\dfrac{53}{2}$

(参考) $\theta=45^\circ$ である.

61 ベクトル方程式

177 □

点A（3，−1）を通りベクトル $\vec{v}=(1,\ 2)$ に平行な直線 l と直線 $m:4x+3y+11=0$ との交点Pの座標を求めなさい．

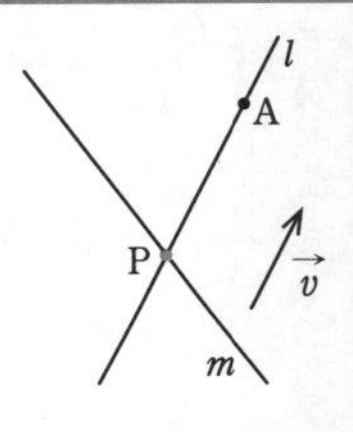

方針 $(x,\ y)=(3,\ -1)+t(1,\ 2)$ を $m:4x+3y+11=0$ に代入して，t の値を求める．

---

178 □

平面上に3点A(5, 4)，B(3, 0)，C(4, −3)がある．

(1) $\overrightarrow{AB}$，$\overrightarrow{BC}$ を成分で表しなさい．

(2) 点Aから直線BCに引いた垂線の足Hの座標を求めなさい．

方針 $\overrightarrow{AH}=\overrightarrow{AB}+t\overrightarrow{BC}$ と表して，$\overrightarrow{BC}\perp\overrightarrow{AH}$ を利用する．

▶ $\overrightarrow{BC}\cdot\overrightarrow{AH}=0$ より　$\overrightarrow{BC}\cdot(\overrightarrow{AB}+t\overrightarrow{BC})=0$

---

179 □

平面上に2点A(−1, 2)，B(3, 5)がある．また，点Bを通り $\vec{v}=(2,\ -1)$ に平行な直線を m とする．点Pが直線 m 上を動くとき，線分APの長さの最小値を求めなさい．

方針 $\overrightarrow{AP}=\overrightarrow{AB}+t\vec{v}$ と表して，$|\overrightarrow{AP}|^2$ が t の2次関数になることを利用する．

▶ $\vec{a}=(a_1,\ a_2)$ のとき，$|\vec{a}|=\sqrt{a_1{}^2+a_2{}^2}$

▶ $|\overrightarrow{AP}|^2$ の最小値を m とすると，$\sqrt{m}$ が線分APの長さの最小値である．

---

180 □

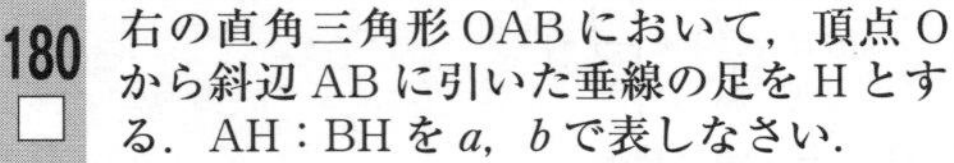

右の直角三角形OABにおいて，頂点Oから斜辺ABに引いた垂線の足をHとする．AH：BHを a，b で表しなさい．

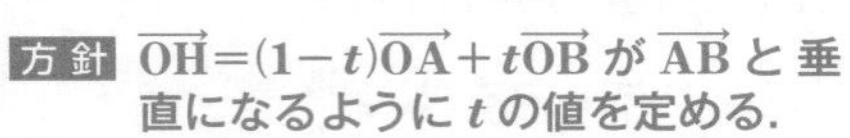

方針 $\overrightarrow{OH}=(1-t)\overrightarrow{OA}+t\overrightarrow{OB}$ が $\overrightarrow{AB}$ と垂直になるように t の値を定める．

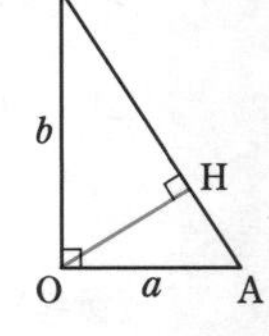

▶ AH：BH $=t:(1-t)$ のとき，
$\overrightarrow{OH}=(1-t)\overrightarrow{OA}+t\overrightarrow{OB}$

ANSWER

177
直線 l 上の点は $(x,\ y)=(3,\ -1)+t(1,\ 2)=(3+t,\ -1+2t)$
と表される．これを $m：4x+3y+11=0$ に代入して

$$4(3+t)+3(-1+2t)+11=0$$
$$10t+20=0 \quad より \quad t=-2$$

ゆえに，交点 P の座標は　$(1,\ -5)$

178
(1)　$\overrightarrow{AB}=(-2,\ -4)$
　　$\overrightarrow{BC}=(1,\ -3)$

(2)　H は直線 BC 上の点であるから

$$\overrightarrow{AH}=\overrightarrow{AB}+t\overrightarrow{BC} \quad \cdots\cdots①$$

と表すことができる．
また，$\overrightarrow{BC}\perp\overrightarrow{AH}$ であるから

$$\overrightarrow{BC}\cdot\overrightarrow{AH}=0 \quad \cdots\cdots②$$

①，②より　$\overrightarrow{BC}\cdot(\overrightarrow{AB}+t\overrightarrow{BC})=0$

$$\overrightarrow{AB}\cdot\overrightarrow{BC}+t|\overrightarrow{BC}|^2=0$$

$10+10t=0$　より　$t=-1$
よって，$\overrightarrow{AH}=\overrightarrow{AB}-\overrightarrow{BC}=(-2,\ -4)-(1,\ -3)=(-3,\ -1)$
ゆえに，$\overrightarrow{OH}=\overrightarrow{OA}+\overrightarrow{AH}=(5,\ 4)+(-3,\ -1)=(2,\ 3)$
すなわち，　$H(2,\ 3)$

179

$$\overrightarrow{AP}=\overrightarrow{AB}+t\vec{v}=(4,\ 3)+t(2,\ -1)=(4+2t,\ 3-t)$$

よって，$|\overrightarrow{AP}|^2=(4+2t)^2+(3-t)^2=5t^2+10t+25$

$$=5(t+1)^2+20$$

ゆえに，線分 AP の長さの最小値は　$\sqrt{20}=2\sqrt{5}$
(参考) $\vec{v}\perp\overrightarrow{AP}$ を利用して，t の値を求めることもできる．

180
$\overrightarrow{OH}=(1-t)\overrightarrow{OA}+t\overrightarrow{OB}$ と表すことができる．
$\overrightarrow{AB}\perp\overrightarrow{OH}$　より　$\overrightarrow{AB}\cdot\overrightarrow{OH}=0$
よって，$(\overrightarrow{OB}-\overrightarrow{OA})\cdot\{(1-t)\overrightarrow{OA}+t\overrightarrow{OB}\}=0$
ここで，$\overrightarrow{OA}\cdot\overrightarrow{OB}=0$ に注意すると

$$t|\overrightarrow{OB}|^2-(1-t)|\overrightarrow{OA}|^2=0$$

$b^2t-a^2(1-t)=0$　より　$t=\dfrac{a^2}{a^2+b^2}$

ゆえに，$AH：BH=t：(1-t)=\dfrac{a^2}{a^2+b^2}：\dfrac{b^2}{a^2+b^2}=a^2：b^2$

62 ベクトルの図形への応用

181 □

ひし形の対角線は直交することをベクトルを用いて証明しなさい.

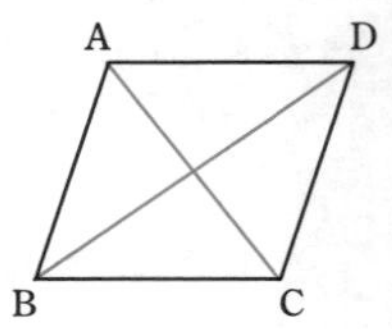

方針 ひし形 ABCD において,
$\overrightarrow{AC} \perp \overrightarrow{BD}$ を示す.

▶ $\overrightarrow{AC} \cdot \overrightarrow{BD} = 0$ を示す.

▶ ひし形は平行四辺形であるから

$$\overrightarrow{AC} = \overrightarrow{AB} + \overrightarrow{AD},\ \overrightarrow{BD} = \overrightarrow{AD} - \overrightarrow{AB}$$

---

182 □

三角形 ABC の内部にある点 P が

$$3\overrightarrow{AP} + 4\overrightarrow{BP} + 5\overrightarrow{CP} = \vec{0}$$

を満たしている.

(1) $\overrightarrow{AP}$ を $\overrightarrow{AB}$, $\overrightarrow{AC}$ を用いて表しなさい.

(2) 直線 AP と辺 BC との交点を Q とするとき, BQ : QC を求めなさい.

方針 ベクトルの始点を A にそろえる.

▶ $\overrightarrow{BP} = \overrightarrow{AP} - \overrightarrow{AB}$, $\overrightarrow{CP} = \overrightarrow{AP} - \overrightarrow{AC}$

▶ (2)は, 内分の公式を利用する.

---

183 □

三角形 ABC の辺 AB を 1 : 2 に内分する点を D とし, 辺 AC を 2 : 3 に内分する点を E とする. 線分 BE と線分 DC の交点を P とするとき, $\overrightarrow{AP}$ を $\overrightarrow{AB}$, $\overrightarrow{AC}$ を用いて表しなさい.

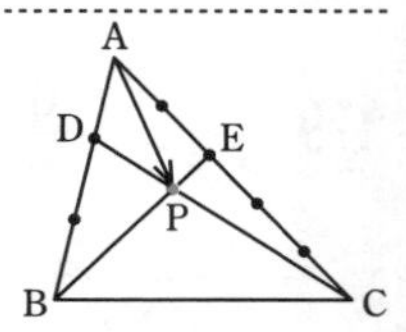

方針 $\overrightarrow{AP}$ を 2 通りに表して比較する.

▶ P は線分 BE 上の点であるから

$$\overrightarrow{AP} = (1-s)\overrightarrow{AB} + s\overrightarrow{AE}$$

P は線分 DC 上の点であるから

$$\overrightarrow{AP} = (1-t)\overrightarrow{AD} + t\overrightarrow{AC}$$

▶ さらに, $\overrightarrow{AD} = \frac{1}{3}\overrightarrow{AB}$, $\overrightarrow{AE} = \frac{2}{5}\overrightarrow{AC}$ を代入して, 係数を比較する.

▶ $\vec{a}$, $\vec{b}$ が 1 次独立であるとき

$$p\vec{a} + q\vec{b} = s\vec{a} + t\vec{b} \iff p = s \text{ かつ } q = t$$

A N S W E R

181

$\overrightarrow{AB}=\vec{b}$, $\overrightarrow{AD}=\vec{d}$ とおくと $|\vec{b}|=|\vec{d}|$
ひし形は平行四辺形であるから

$$\overrightarrow{AC}=\overrightarrow{AB}+\overrightarrow{AD}=\vec{b}+\vec{d}$$
$$\overrightarrow{BD}=\overrightarrow{AD}-\overrightarrow{AB}=\vec{d}-\vec{b}$$

このとき, $\overrightarrow{AC}\cdot\overrightarrow{BD}=(\vec{b}+\vec{d})\cdot(\vec{d}-\vec{b})=|\vec{d}|^2-|\vec{b}|^2=0$
ゆえに, $\overrightarrow{AC}\perp\overrightarrow{BD}$
すなわち, ひし形の対角線は直交する.

182

(1) $3\overrightarrow{AP}+4\overrightarrow{BP}+5\overrightarrow{CP}=\vec{0}$ より
$3\overrightarrow{AP}+4(\overrightarrow{AP}-\overrightarrow{AB})+5(\overrightarrow{AP}-\overrightarrow{AC})=\vec{0}$
$12\overrightarrow{AP}=4\overrightarrow{AB}+5\overrightarrow{AC}$

よって, $\overrightarrow{AP}=\dfrac{4\overrightarrow{AB}+5\overrightarrow{AC}}{12}$

(2) (1)より $\overrightarrow{AP}=\dfrac{9}{12}\cdot\dfrac{4\overrightarrow{AB}+5\overrightarrow{AC}}{9}$

$$=\frac{3}{4}\cdot\frac{4\overrightarrow{AB}+5\overrightarrow{AC}}{9}$$

ここで, 辺 BC を 5：4 に内分する点を R とすると

$$\overrightarrow{AR}=\frac{4\overrightarrow{AB}+5\overrightarrow{AC}}{9},\ \overrightarrow{AP}=\frac{3}{4}\overrightarrow{AR}$$

したがって, 辺 BC 上の点 R は直線 AP 上にあるので,
R は直線 AP と辺 BC との交点 Q に一致する.
ゆえに, BQ：QC=**5：4**

183

BP：PE$=s:(1-s)$ とすると

$$\overrightarrow{AP}=(1-s)\overrightarrow{AB}+s\overrightarrow{AE}=(1-s)\overrightarrow{AB}+s\cdot\frac{2}{5}\overrightarrow{AC}\quad\cdots\cdots①$$

DP：PC$=t:(1-t)$ とすると

$$\overrightarrow{AP}=(1-t)\overrightarrow{AD}+t\overrightarrow{AC}=(1-t)\cdot\frac{1}{3}\overrightarrow{AB}+t\overrightarrow{AC}\quad\cdots\cdots②$$

ここで, $\overrightarrow{AB}$, $\overrightarrow{AC}$ は1次独立であるから, ①, ②より

$$1-s=\frac{1}{3}(1-t)\quad\cdots\cdots③,\quad \frac{2}{5}s=t\quad\cdots\cdots④$$

③, ④より $s=\dfrac{10}{13}$, $t=\dfrac{4}{13}$

ゆえに, $\overrightarrow{AP}=\dfrac{3}{13}\overrightarrow{AB}+\dfrac{4}{13}\overrightarrow{AC}$

63 空間のベクトル

184 □

4つのベクトル $\vec{a}=(1,\ 2,\ 3)$, $\vec{b}=(2,\ 3,\ 1)$, $\vec{c}=(3,\ 1,\ 2)$, $\vec{d}=(5,\ -2,\ 9)$ について，$\vec{d}=p\vec{a}+q\vec{b}+r\vec{c}$ が成り立つとき，実数 p, q, r の値を求めなさい．

---

185 □

空間に3点 A(3, 4, 6), B(4, 6, 3), C(9, 2, 2) がある．

(1) $\overrightarrow{AB}$, $\overrightarrow{AC}$ を成分で表しなさい．

(2) ∠BAC の大きさを求めなさい．

(3) △ABC の面積を求めなさい．

方針 cos ∠BAC を計算して ∠BAC の大きさを求める．

▶ $\cos\angle BAC=\dfrac{\overrightarrow{AB}\cdot\overrightarrow{AC}}{|\overrightarrow{AB}||\overrightarrow{AC}|}$

▶ $\triangle ABC=\dfrac{1}{2}\cdot AB\cdot AC\cdot\sin\angle BAC$

(参考) $\triangle ABC=\dfrac{1}{2}\sqrt{|\overrightarrow{AB}|^2|\overrightarrow{AC}|^2-(\overrightarrow{AB}\cdot\overrightarrow{AC})^2}$

$=\dfrac{1}{2}\sqrt{14\times56-14^2}=\dfrac{1}{2}\sqrt{14^2\times3}=7\sqrt{3}$

---

186 □

3点 A(4, 2, 6), B(5, 5, 3), C(6, 3, 4) を通る平面と原点との距離を求めなさい．

方針 $\overrightarrow{OH}=\overrightarrow{OA}+s\overrightarrow{AB}+t\overrightarrow{AC}$
と表して，
$\overrightarrow{AB}\perp\overrightarrow{OH}$, $\overrightarrow{AC}\perp\overrightarrow{OH}$
より s, t の値を求める．

O
C H
A
B

(参考) 平面 ABC の方程式は $3x+4y+5z=50$ となるので，求める距離は

$\dfrac{|3\times0+4\times0+5\times0-50|}{\sqrt{3^2+4^2+5^2}}=\dfrac{50}{5\sqrt{2}}=5\sqrt{2}$

ANSWER

184

$\vec{d}=p\vec{a}+q\vec{b}+r\vec{c}$ より

$$(5,\ -2,\ 9)=p(1,\ 2,\ 3)+q(2,\ 3,\ 1)+r(3,\ 1,\ 2)$$
$$=(p+2q+3r,\ 2p+3q+r,\ 3p+q+2r)$$

よって，$\begin{cases} p+2q+3r=5 \\ 2p+3q+r=-2 \\ 3p+q+2r=9 \end{cases}$ より，$\begin{cases} p=\mathbf{2} \\ q=\mathbf{-3} \\ r=\mathbf{3} \end{cases}$

185

(1) $\overrightarrow{AB}=(4,\ 6,\ 3)-(3,\ 4,\ 6)=\mathbf{(1,\ 2,\ -3)}$
$\overrightarrow{AC}=(9,\ 2,\ 2)-(3,\ 4,\ 6)=\mathbf{(6,\ -2,\ -4)}$

(2) $\cos\angle BAC=\dfrac{\overrightarrow{AB}\cdot\overrightarrow{AC}}{|\overrightarrow{AB}||\overrightarrow{AC}|}=\dfrac{14}{\sqrt{14}\cdot 2\sqrt{14}}=\dfrac{1}{2}$

よって，$\angle BAC=\mathbf{60^\circ}$ $\left(\angle BAC=\mathbf{\dfrac{\pi}{3}}\right)$

(3) $\triangle ABC=\dfrac{1}{2}\cdot AB\cdot AC\cdot\sin 60^\circ=\dfrac{1}{2}\cdot\sqrt{14}\cdot 2\sqrt{14}\cdot\dfrac{\sqrt{3}}{2}=\mathbf{7\sqrt{3}}$

186

原点 O から平面 ABC におろした垂線の足を H とする．
H は平面 ABC 上の点であるから　$\overrightarrow{AH}=s\overrightarrow{AB}+t\overrightarrow{AC}$
と表される．
よって，$\overrightarrow{OH}=\overrightarrow{OA}+\overrightarrow{AH}=\overrightarrow{OA}+s\overrightarrow{AB}+t\overrightarrow{AC}$
まず，$\overrightarrow{AB}\perp\overrightarrow{OH}$　より　$\overrightarrow{AB}\cdot\overrightarrow{OH}=0$

$$\overrightarrow{AB}\cdot(\overrightarrow{OA}+s\overrightarrow{AB}+t\overrightarrow{AC})=0$$
$$\overrightarrow{OA}\cdot\overrightarrow{AB}+s|\overrightarrow{AB}|^2+t\overrightarrow{AB}\cdot\overrightarrow{AC}=0 \quad \cdots\cdots①$$

次に，$\overrightarrow{AC}\perp\overrightarrow{OH}$　より　$\overrightarrow{AC}\cdot\overrightarrow{OH}=0$

$$\overrightarrow{AC}\cdot(\overrightarrow{OA}+s\overrightarrow{AB}+t\overrightarrow{AC})=0$$
$$\overrightarrow{OA}\cdot\overrightarrow{AC}+s\overrightarrow{AB}\cdot\overrightarrow{AC}+t|\overrightarrow{AC}|^2=0 \quad \cdots\cdots②$$

ここで，$\overrightarrow{AB}=(1,\ 3,\ -3)$，$\overrightarrow{AC}=(2,\ 1,\ -2)$ であるから

$$\overrightarrow{OA}\cdot\overrightarrow{AB}=-8,\ |\overrightarrow{AB}|^2=19,\ \overrightarrow{AB}\cdot\overrightarrow{AC}=11$$
$$\overrightarrow{OA}\cdot\overrightarrow{AC}=-2,\ |\overrightarrow{AC}|^2=9$$

よって，①より　$-8+19s+11t=0$　……③
②より　$-2+11s+9t=0$　……④
③，④より　$s=1$，$t=-1$　となるので

$$\overrightarrow{OH}=(4,\ 2,\ 6)+(1,\ 3,\ -3)-(2,\ 1,\ -2)=(3,\ 4,\ 5)$$

ゆえに，求める距離は　$|\overrightarrow{OH}|=\sqrt{3^2+4^2+5^2}=\mathbf{5\sqrt{2}}$

64 放物線

187 □

放物線 $y^2=8x$ の焦点と準線を求めなさい.

方針 標準形 $y^2=4px$ に変形する.

▶放物線 $y^2=4px$ の焦点は $(p,\ 0)$, 準線は $x=-p$

188 □

放物線 $x^2=-12y$ の焦点と準線を求めなさい.

方針 標準形 $x^2=4py$ に変形する.

▶放物線 $x^2=4py$ の焦点は $(0,\ p)$, 準線は $y=-p$

189 □

焦点が $(-3,\ 0)$, 準線が $x=3$ である放物線の方程式を求めなさい.

方針 標準形 $y^2=4px$ にあてはめる.

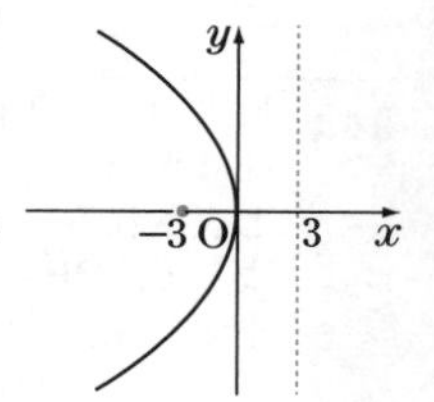

9 平面上の曲線

190 □

焦点が $(0,\ 5)$, 頂点が $(0,\ 0)$ である放物線の方程式を求めなさい.

方針 まず, 準線を確認し, 標準形にあてはめる.

▶準線は, $y=-5$

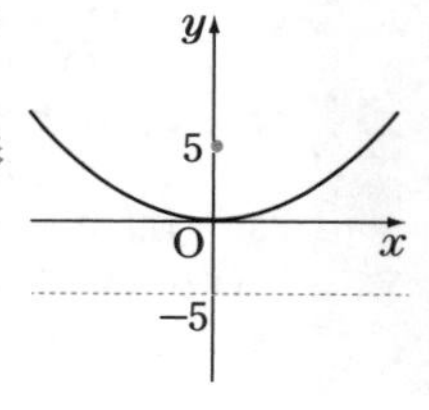

ANSWER

187

$y^2=4\cdot 2\cdot x$

焦点： $(2,\ 0)$

準線： $x=-2$

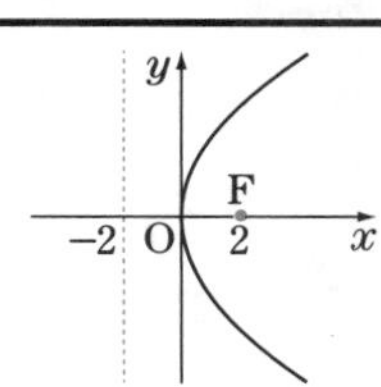

188

$x^2=4\cdot(-3)\cdot y$

焦点： $(0,\ -3)$

準線： $y=3$

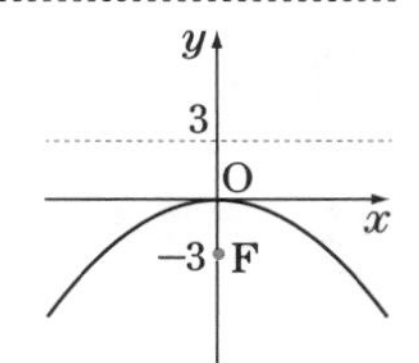

189

$y^2=4\cdot(-3)\cdot x$

すなわち

$$y^2=-12x$$

190

準線は， $y=-5$

ゆえに

$$x^2=4\cdot 5\cdot y$$

すなわち

$$x^2=20y$$

65 楕　円

191 □

楕円 $\dfrac{x^2}{9}+\dfrac{y^2}{4}=1$ の長軸，短軸の長さおよび焦点の座標を求めなさい．

方針　標準形 $\dfrac{x^2}{a^2}+\dfrac{y^2}{b^2}=1$
$(a>b>0)$ で，
$c=\sqrt{a^2-b^2}$ とおくと，
焦点は $(\pm c,\ 0)$

▶ $a=3$，$b=2$ の場合にあたる．

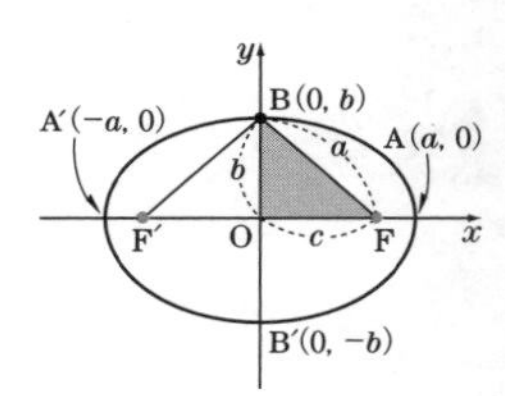

192 □

楕円 $\dfrac{x^2}{4}+\dfrac{y^2}{9}=1$ の焦点を求めなさい．

方針　標準形 $\dfrac{x^2}{a^2}+\dfrac{y^2}{b^2}=1$　$(b>a>0)$ で，
$c=\sqrt{b^2-a^2}$ とおくと，焦点は $(0,\ \pm c)$

▶ $a=2$，$b=3$ の場合にあたる．

193 □

2 つの焦点 $(\pm 3,\ 0)$ からの距離の和が 10 である楕円の方程式を求めなさい．

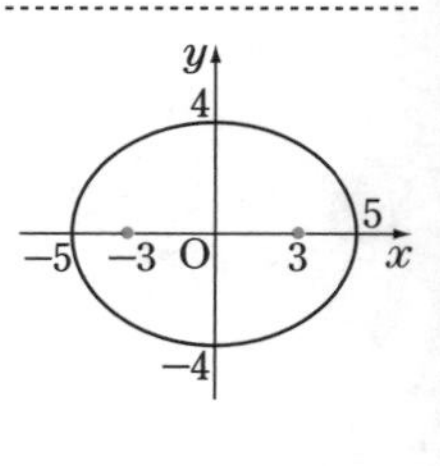

方針　$\dfrac{x^2}{a^2}+\dfrac{y^2}{b^2}=1$　$(a>b>0)$
で，$2a=10$，$\sqrt{a^2-b^2}=3$
の場合である．

194 □

円 $x^2+y^2=1$ を x 軸を固定して y 軸方向に 2 倍に拡大した楕円の方程式を求めなさい．

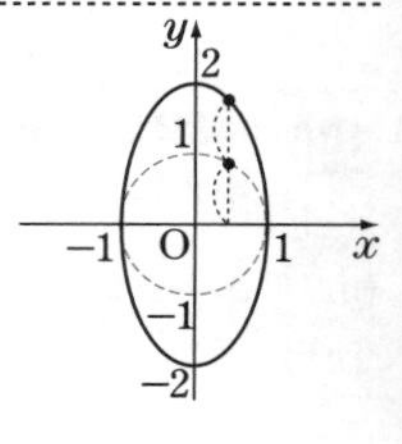

方針　$\dfrac{x^2}{a^2}+\dfrac{y^2}{b^2}=1$　$(b>a>0)$ で，
$a=1$，$b=2$ の場合である．

ANSWER

191 □

$\dfrac{x^2}{3^2}+\dfrac{y^2}{2^2}=1$

長軸の長さ： $3\times2=6$

短軸の長さ： $2\times2=4$

また， $c=\sqrt{3^2-2^2}=\sqrt{5}$ より

焦点： $(\sqrt{5},\ 0)$，$(-\sqrt{5},\ 0)$

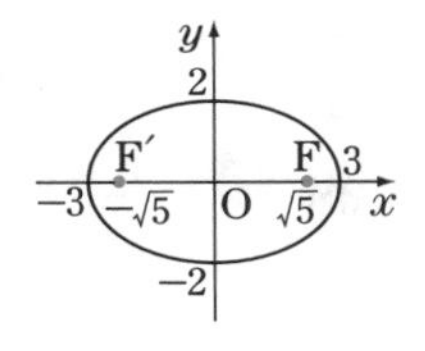

192 □

$\dfrac{x^2}{2^2}+\dfrac{y^2}{3^2}=1$

$c=\sqrt{3^2-2^2}=\sqrt{5}$ より

焦点： $(0,\ \sqrt{5})$，$(0,\ -\sqrt{5})$

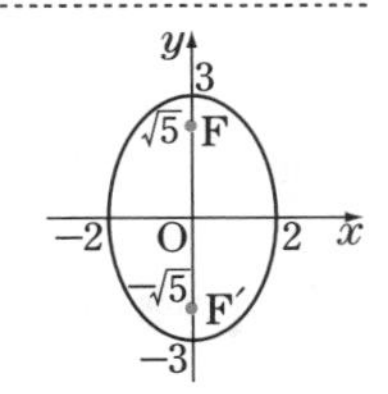

193 □

求める方程式は $\dfrac{x^2}{a^2}+\dfrac{y^2}{b^2}=1\ (a>b>0)$ の形で，

$2a=10$ より $a=5$

また，$c=3$ より $3=\sqrt{5^2-b^2}$

$b=\sqrt{5^2-3^2}=4$

ゆえに， $\dfrac{x^2}{5^2}+\dfrac{y^2}{4^2}=1$

すなわち， $\dfrac{x^2}{25}+\dfrac{y^2}{16}=1$

194 □

求める方程式は $\dfrac{x^2}{a^2}+\dfrac{y^2}{b^2}=1\ (b>a>0)$ の形で，

$a=1$，$b=2$ の場合であるから

$\dfrac{x^2}{1^2}+\dfrac{y^2}{2^2}=1$

すなわち， $x^2+\dfrac{y^2}{4}=1$

66 双曲線

195 □ 双曲線 $\frac{x^2}{9}-\frac{y^2}{4}=1$ の焦点と漸近線を求めなさい．

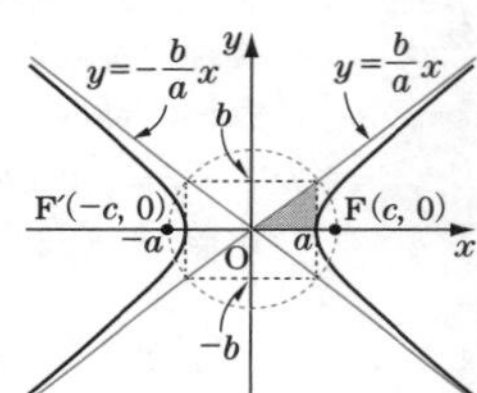

方針 標準形 $\frac{x^2}{a^2}-\frac{y^2}{b^2}=1$ で，$c=\sqrt{a^2+b^2}$ とおくと，焦点は $(\pm c,\ 0)$

▶ $a=3$，$b=2$ の場合にあたる．

---

196 □ 双曲線 $\frac{x^2}{9}-\frac{y^2}{4}=-1$ の焦点と漸近線を求めなさい．

方針 標準形 $\frac{x^2}{a^2}-\frac{y^2}{b^2}=-1$ で，$c=\sqrt{a^2+b^2}$ とおくと，焦点は $(0,\ \pm c)$

▶ $a=3$，$b=2$ の場合にあたる．

---

197 □ 2つの焦点 $(\pm5,\ 0)$ からの距離の差が6である双曲線の方程式を求めなさい．

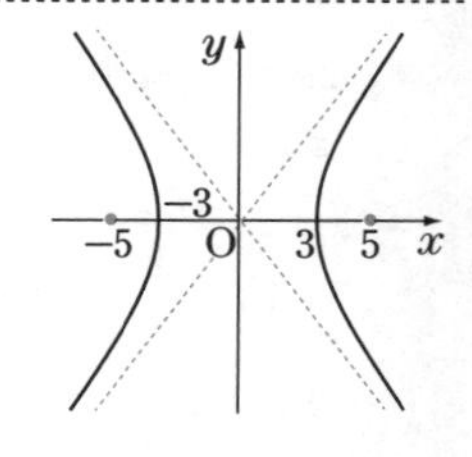

方針 $\frac{x^2}{a^2}-\frac{y^2}{b^2}=1$ で，$2a=6$，$\sqrt{a^2+b^2}=5$ の場合である．

---

198 □ 2つの焦点が $(0,\ \pm4)$ で，点 $(2\sqrt{2},\ 4)$ を通る双曲線の方程式を求めなさい．

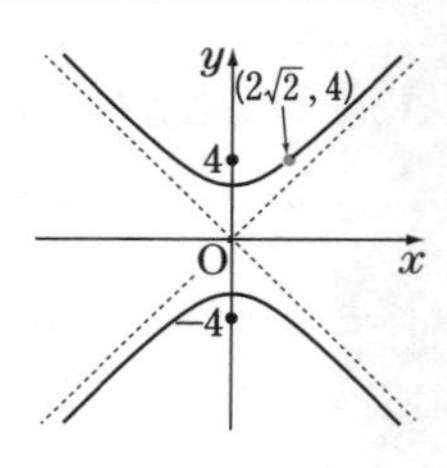

方針 $\frac{x^2}{a^2}-\frac{y^2}{b^2}=-1$ で，$\sqrt{a^2+b^2}=4$ の場合である．

ANSWER

195 □

$\dfrac{x^2}{3^2}-\dfrac{y^2}{2^2}=1$　で，

$c=\sqrt{3^2+2^2}=\sqrt{13}$ より

焦点：　$(\sqrt{13},\ 0)$，$(-\sqrt{13},\ 0)$

漸近線：　$y=\pm\dfrac{2}{3}x$

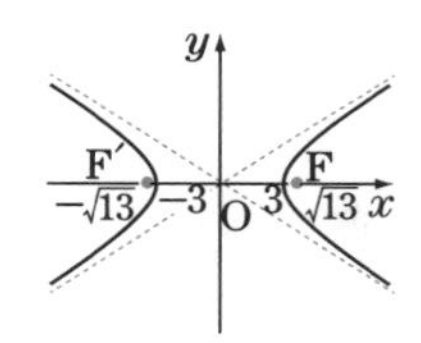

196 □

$\dfrac{x^2}{3^2}-\dfrac{y^2}{2^2}=-1$　で，

$c=\sqrt{3^2+2^2}=\sqrt{13}$ より

焦点：　$(0,\ \sqrt{13})$，$(0,\ -\sqrt{13})$

漸近線：　$y=\pm\dfrac{2}{3}x$

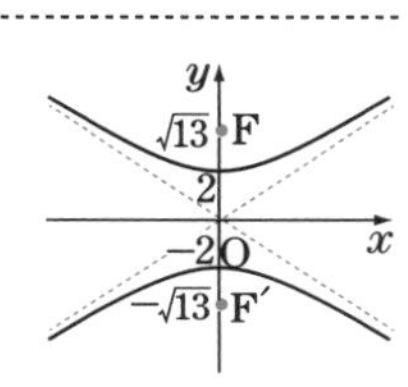

197 □

求める方程式は $\dfrac{x^2}{a^2}-\dfrac{y^2}{b^2}=1$ の形で，

$2a=6$，$\sqrt{a^2+b^2}=5$ の場合であるから　$a=3$，$b=4$

ゆえに，　$\dfrac{x^2}{3^2}-\dfrac{y^2}{4^2}=1$　すなわち，　$\dfrac{x^2}{9}-\dfrac{y^2}{16}=1$

198 □

求める方程式は $\dfrac{x^2}{a^2}-\dfrac{y^2}{b^2}=-1$ の形で，$\sqrt{a^2+b^2}=4$ の場合であるから

$$a^2+b^2=16 \quad \cdots\cdots①$$

また，点 $(2\sqrt{2},\ 4)$ を通るので

$$\frac{8}{a^2}-\frac{16}{b^2}=-1$$

$$8b^2-16a^2=-a^2b^2 \quad \cdots\cdots②$$

①，②より　$8(16-a^2)-16a^2=-a^2(16-a^2)$

$a^4+8a^2-8\cdot16=0$　　$(a^2-8)(a^2+16)=0$

$a^2>0$ より $a^2=8$ であり，このとき①より $b^2=8$

ゆえに，　$\dfrac{x^2}{8}-\dfrac{y^2}{8}=-1$

67 2次曲線の平行移動

199 □

次の方程式で表される曲線の焦点と準線を求めなさい.

$$y^2-8x-8y=0$$

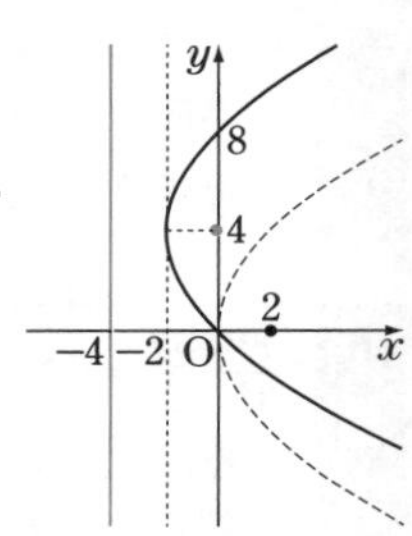

方針 平方完成して,
標準型 $y^2=4px$ と比較する.

▶ x 軸方向に a, y 軸方向に b だけ平行移動することにより
放物線 $y^2=4px$
$\longrightarrow$ $(y-b)^2=4p(x-a)$

▶ 曲線の平行移動により, 焦点, 準線も同じ平行移動を受ける.

---

200 □

次の方程式で表される曲線の焦点を求めなさい.

(1) $9x^2+4y^2+36x-24y+36=0$

(2) $x^2-y^2-4x=0$

方針 平方完成して曲線の種類を判定する.

▶ 標準型と比較し, 平行移動の量を決定する.

▶ x 軸方向に p, y 軸方向に q だけ平行移動することにより

楕　円 $\dfrac{x^2}{a^2}+\dfrac{y^2}{b^2}=1 \longrightarrow \dfrac{(x-p)^2}{a^2}+\dfrac{(y-q)^2}{b^2}=1$

双曲線 $\dfrac{x^2}{a^2}-\dfrac{y^2}{b^2}=1 \longrightarrow \dfrac{(x-p)^2}{a^2}-\dfrac{(y-q)^2}{b^2}=1$

(1)

(2)

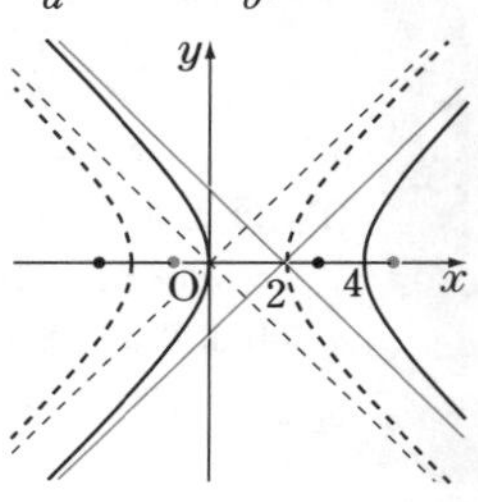

ANSWER

199

$$y^2-8x-8y=0 \quad \cdots\cdots①$$
$$(y-4)^2=8x+16$$
$$(y-4)^2=8(x+2)$$
$$(y-4)^2=4\cdot2(x+2) \quad \cdots\cdots②$$

よって，①すなわち②で表される曲線は，放物線

$$y^2=4\cdot2x \quad \cdots\cdots③$$

を，x 軸方向に -2，y 軸方向に 4 だけ平行移動した放物線である．

そして，放物線③の焦点は $(2,\ 0)$，準線は $x=-2$ であるから，放物線①の**焦点は $(0,\ 4)$，準線は $x=-4$** である．

200

(1)

$$9x^2+4y^2+36x-24y+36=0 \quad \cdots\cdots①$$
$$9(x+2)^2+4(y-3)^2=36$$
$$\frac{(x+2)^2}{4}+\frac{(y-3)^2}{9}=1 \quad \cdots\cdots②$$

よって，①すなわち②で表される曲線は，楕円

$$\frac{x^2}{4}+\frac{y^2}{9}=1 \quad \cdots\cdots③$$

を，x 軸方向に -2，y 軸方向に 3 だけ平行移動した楕円である．そして，楕円③の焦点は $(0,\ \pm\sqrt{5})$ であるから，楕円①の焦点は **$(-2,\ 3\pm\sqrt{5})$** の 2 点である．

(2)

$$x^2-y^2-4x=0 \quad \cdots\cdots①$$
$$(x-2)^2-y^2=4$$
$$\frac{(x-2)^2}{4}-\frac{y^2}{4}=1 \quad \cdots\cdots②$$

よって，①すなわち②で表される曲線は，双曲線

$$\frac{x^2}{4}-\frac{y^2}{4}=1 \quad \cdots\cdots③$$

を，x 軸方向に 2 だけ平行移動した双曲線である．

そして，双曲線③の焦点は $(\pm2\sqrt{2},\ 0)$ であるから，双曲線①の焦点は **$(2\pm2\sqrt{2},\ 0)$** の 2 点である．

68 2次曲線の接線・割線(1)

201 □

放物線 $y^2=4x$ 上の点 $(4,\ -4)$ における接線を求めなさい.

方針 放物線 $y^2=4px$ 上の点 $(x_0,\ y_0)$ における接線は

$$y_0y=2p(x+x_0)$$

---

202 □

楕円 $\frac{x^2}{8}+\frac{y^2}{4}=1$ 上の点 $(-2,\ \sqrt{2})$ における接線を求めなさい.

方針 楕円 $\frac{x^2}{a^2}+\frac{y^2}{b^2}=1$ 上の点 $(x_0,\ y_0)$ における接線は

$$\frac{x_0x}{a^2}+\frac{y_0y}{b^2}=1$$

---

203 □

双曲線 $\frac{x^2}{3}-\frac{y^2}{8}=1$ 上の点 $(3,\ 4)$ における接線を求めなさい.

方針 双曲線 $\frac{x^2}{a^2}-\frac{y^2}{b^2}=1$ 上の点 $(x_0,\ y_0)$ における接線は

$$\frac{x_0x}{a^2}-\frac{y_0y}{b^2}=1$$

---

204 □

放物線 $y^2=8x$ と直線 $y=x+k$ とが異なる2点で交わるように,定数 k の値の範囲を定めなさい.

方針 x を消去し,y の2次方程式をつくり,判別式 >0 を計算する.

▶ y を消去してもよいが,x を消去するほうが簡単である.

A N S W E R

201 □

$(-4)\cdot y=2(x+4)$

ゆえに

$$y=-\frac{1}{2}x-2$$

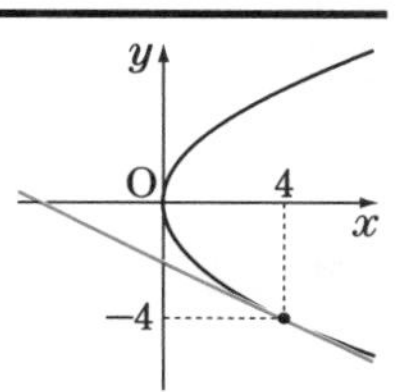

202 □

$\dfrac{(-2)\cdot x}{8}+\dfrac{\sqrt{2}y}{4}=1$

ゆえに

$$y=\frac{\sqrt{2}}{2}x+2\sqrt{2}$$

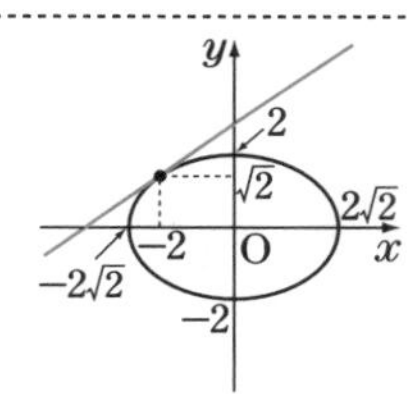

203 □

$\dfrac{3x}{3}-\dfrac{4y}{8}=1$

ゆえに

$$y=2x-2$$

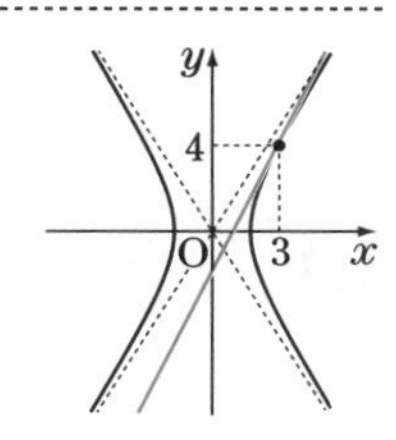

204 □

$y=x+k$ より　　$x=y-k$

$y^2=8x$ に代入して，x を消去して

$$y^2=8(y-k)$$

$$y^2-8y+8k=0$$

$$\frac{D}{4}=(-4)^2-8k$$

$$=16-8k>0$$

ゆえに

$$k<2$$

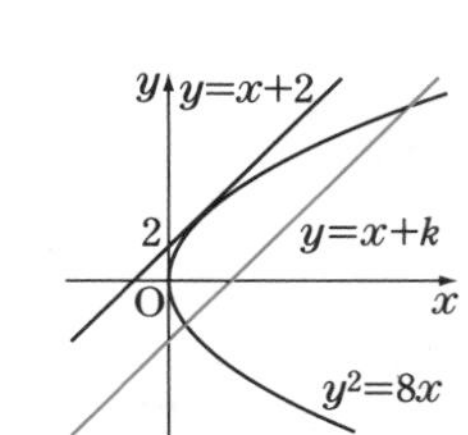

69 2次曲線の接線・割線(2)

205 □

楕円 $\dfrac{x^2}{4}+\dfrac{y^2}{3}=1$ と直線 $y=x+k$ とが異なる2点P，Qで交わるとき，線分PQの中点の軌跡を求めなさい．

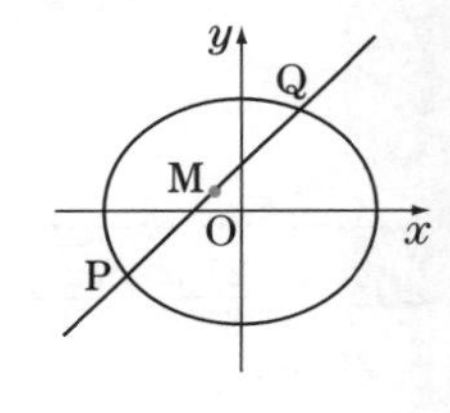

方針 2式から y を消去して，x の2次方程式をつくる．

▶判別式 >0

▶ 2つの交点P，Qの x 座標を p，q とすると，中点Mの x 座標は

$$\frac{p+q}{2}$$

さらに，解と係数の関係を利用する．

---

206 □

双曲線 $x^2-y^2=1$ 上の点 $\mathrm{T}(x_0,\ y_0)$ における接線が2つの漸近線と交わる点をそれぞれP，Qとするとき，Tは線分PQの中点であることを証明しなさい．

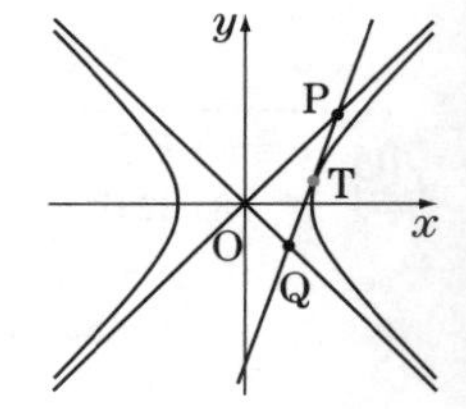

方針 Tにおける接線 $x_0x-y_0y=1$ と2つの漸近線 $y=x$，$y=-x$ との交点の x 座標を求める．

▶2つの交点P，Qの x 座標をそれぞれ p，q とするとき

$$\frac{p+q}{2}=x_0$$

となればよい．

▶ y 座標を調べてもよい．どちらか一方について調べれば十分である．

A N S W E R

205

$3x^2+4y^2=12$ に $y=x+k$ ……① を代入して

$$3x^2+4(x+k)^2=12$$

$$7x^2+8kx+4(k^2-3)=0 \quad \cdots\cdots②$$

$$\frac{D}{4}=16k^2-7\cdot4(k^2-3)>0$$

$$-\sqrt{7}<k<\sqrt{7} \quad \cdots\cdots③$$

2 つの交点 P，Q の x 座標を p，q とすると，②より

$$p+q=-\frac{8}{7}k \quad \cdots\cdots④$$

線分 PQ の中点を M$(x,\ y)$ とすると，④より　$x=\dfrac{p+q}{2}=-\dfrac{4}{7}k$

ゆえに，　$k=-\dfrac{7}{4}x$ ……⑤

中点 M$(x,\ y)$ は①を満たすので，①，⑤より，

求める軌跡は　**直線 $y=-\dfrac{3}{4}x$**

ただし，③，⑤より　$-\dfrac{4}{\sqrt{7}}<x<\dfrac{4}{\sqrt{7}}$

206

接線は $x_0x-y_0y=1$ ……①

漸近線は $x^2-y^2=0$　より

$$y=x \quad \cdots\cdots② \qquad y=-x \quad \cdots\cdots③$$

の 2 本である．

①，②より　$x=\dfrac{1}{x_0-y_0}$ ……P の x 座標

①，③より　$x=\dfrac{1}{x_0+y_0}$ ……Q の x 座標

このとき，　$\dfrac{1}{2}\left(\dfrac{1}{x_0-y_0}+\dfrac{1}{x_0+y_0}\right)=\dfrac{x_0}{x_0{}^2-y_0{}^2}$

また，$(x_0,\ y_0)$ は $x_0{}^2-y_0{}^2=1$ を満たすので

$$\frac{x_0}{x_0{}^2-y_0{}^2}=\frac{x_0}{1}=x_0$$

これは接点 T の x 座標に一致するので，T は線分 PQ の中点である．

9 平面上の曲線

70 2次曲線と離心率

207 □

xy 平面上に点 F(3, 0) と直線 l：$x=-3$ がある．また，点 P(x, y) から直線 l に垂線 PH を引く．点 P が $\dfrac{\mathrm{PF}}{\mathrm{PH}}=e$（$e$ は定数）を満たしながら動くとき，次の式が成り立つことを証明しなさい．

$$(1-e^2)x^2+y^2-6(1+e^2)x=9(e^2-1)$$

方針 $\mathrm{PF}^2=e^2\mathrm{PH}^2$ と変形してから，$\mathrm{PF}^2=(x-3)^2+y^2$，$\mathrm{PH}^2=(x+3)^2$ を代入して整理する．

---

208 □

xy 平面上に点 F(3, 0) と直線 l：$x=-3$ がある．また，点 P(x, y) から直線 l に垂線 PH を引く．点 P が次の各条件を満たしながら動くとき，点 P の軌跡を求めなさい．

(1) $\dfrac{\mathrm{PF}}{\mathrm{PH}}=1$　　(2) $\dfrac{\mathrm{PF}}{\mathrm{PH}}=\dfrac{1}{2}$　　(3) $\dfrac{\mathrm{PF}}{\mathrm{PH}}=2$

方針 前問の結果を利用する．

▶ 各条件から x，y の方程式を導く．(1)は**放物線**，(2)は**楕円**，(3)は**双曲線**が得られるが，これら**2次曲線**が統一的な定義によって定められることがわかる．

F が**焦点**，l が**準線**，$e=\dfrac{\mathrm{PF}}{\mathrm{PH}}$ が**離心率**である．

すなわち，離心率 e について

楕　円：$0<e<1$
放物線：$e=1$
双曲線：$e>1$

となる．

（参考） 2次曲線 $ax^2+2bxy+cy^2+dx+ey+f=0$ について，次の**判定定理**が知られている．

$b^2-ac<0$ のとき，**楕　円**（など）
$b^2-ac=0$ のとき，**放物線**（など）
$b^2-ac>0$ のとき，**双曲線**（など）

A　N　S　W　E　R

207

条件より　　$PF^2=e^2PH^2$

これに　　$PF^2=(x-3)^2+y^2$

$PH=|x+3|$

を代入して

$$(x-3)^2+y^2=e^2(x+3)^2$$

ゆえに

$$(1-e^2)x^2+y^2-6(1+e^2)x=9(e^2-1)$$

208

(1)　前問の結果に，$e=1$ を代入して

$$y^2-12x=0$$

$$y^2=12x$$

ゆえに，点Pの軌跡は

放物線 $y^2=12x$

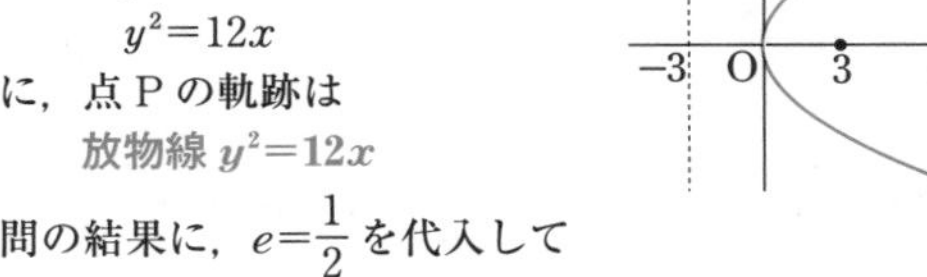

(2)　前問の結果に，$e=\frac{1}{2}$ を代入して

$$\frac{3}{4}x^2+y^2-\frac{15}{2}x=-\frac{27}{4}$$

$$3x^2+4y^2-30x=-27$$

$$3(x-5)^2+4y^2=48$$

$$\frac{(x-5)^2}{16}+\frac{y^2}{12}=1$$

ゆえに，点Pの軌跡は

楕円 $\frac{(x-5)^2}{16}+\frac{y^2}{12}=1$

(3)　前問の結果に，$e=2$ を代入して

$$-3x^2+y^2-30x=27$$

$$-3(x+5)^2+y^2=-48$$

$$\frac{(x+5)^2}{16}-\frac{y^2}{48}=1$$

ゆえに，点Pの軌跡は

双曲線 $\frac{(x+5)^2}{16}-\frac{y^2}{48}=1$

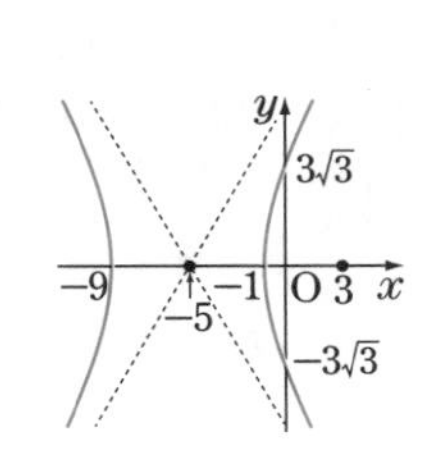

71 媒介変数表示

209 □

$$\begin{cases} x=1+t \\ y=2t-3 \end{cases} \quad (-\infty<t<\infty)$$

で表される点 P$(x,\ y)$ はどのような図形をえがくか答えなさい.

方針 t を消去し, x, y の関係式を導く.

---

210 □

$$\begin{cases} x=t^2+2 \\ y=1-t \end{cases} \quad (-\infty<t<\infty)$$

で表される点 P$(x,\ y)$ はどのような図形をえがくか答えなさい.

方針 これも, t を消去し, x, y の関係式を導く.

---

211 □

$$\begin{cases} x=3\cos\theta \\ y=2\sin\theta \end{cases} \quad (0 \leqq \theta<2\pi)$$

で表される点 P$(x,\ y)$ はどのような図形をえがくか答えなさい.

方針 θ を消去し, x, y の関係式を導く.

▶ $\cos^2\theta+\sin^2\theta=1$ を利用する.

---

212 □

$$\begin{cases} x=\dfrac{3}{\cos\theta} \\ y=2\tan\theta+1 \end{cases} \quad (0 \leqq \theta<2\pi)$$

で表される点 P$(x,\ y)$ はどのような図形をえがくか答えなさい.

方針 これも, θ を消去し, x, y の関係式を導く.

▶ $1+\tan^2\theta=\dfrac{1}{\cos^2\theta}$ から導かれる

$$\frac{1}{\cos^2\theta}-\tan^2\theta=1$$

を利用する.

ANSWER

209

$x=1+t$　より　$t=x-1$

これを　$y=2t-3$　に代入して　$y=2(x-1)-3$

よって，$y=2x-5$　ゆえに，**直線 $y=2x-5$** をえがく．

210

$y=1-t$　より　$t=-y+1$

これを　$x=t^2+2$ に代入して

$x=(-y+1)^2+2$

ゆえに，**放物線 $x=(y-1)^2+2$** をえがく．

(参考) この放物線の概形は，右図のようになる．

なお，媒介変数表示 $\begin{cases} x=pt^2 \\ y=2pt \end{cases}$ は，放物線 $y^2=4px$ を表す．

211

$x=3\cos\theta$ より　$\cos\theta=\dfrac{x}{3}$

$y=2\sin\theta$ より　$\sin\theta=\dfrac{y}{2}$

これらを，$\cos^2\theta+\sin^2\theta=1$ に代入して

$\left(\dfrac{x}{3}\right)^2+\left(\dfrac{y}{2}\right)^2=1$　ゆえに，**楕円 $\dfrac{x^2}{9}+\dfrac{y^2}{4}=1$** をえがく．

212

$x=\dfrac{3}{\cos\theta}$ より $\dfrac{1}{\cos\theta}=\dfrac{x}{3}$

$y=2\tan\theta+1$ より $\tan\theta=\dfrac{y-1}{2}$

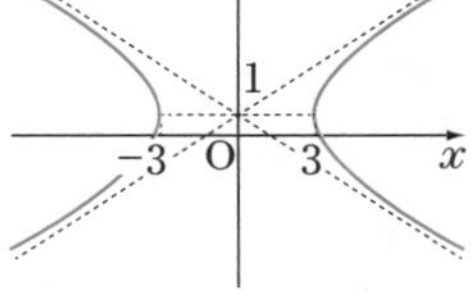

これらを，$1+\tan^2\theta=\dfrac{1}{\cos^2\theta}$

から導かれる

$\dfrac{1}{\cos^2\theta}-\tan^2\theta=1$　に代入して　$\left(\dfrac{x}{3}\right)^2-\left(\dfrac{y-1}{2}\right)^2=1$

ゆえに，**双曲線 $\dfrac{x^2}{9}-\dfrac{(y-1)^2}{4}=1$** をえがく．

9 平面上の曲線

72 極座標(1)

213 □ 次の設問に答えなさい.

(1) 極座標 $\left(4,\ \dfrac{2\pi}{3}\right)$ で表される点の直交座標を求めなさい.

(2) 直交座標 $(6,\ -6)$ で表される点の極座標を求めなさい.

方針 極座標 $(r,\ \theta)$ で表される点の直交座標を $(x,\ y)$ とすると

$$\begin{cases} x=r\cos\theta \\ y=r\sin\theta \end{cases},\quad \begin{cases} r=\sqrt{x^2+y^2} \\ \tan\theta=\dfrac{y}{x} \end{cases}$$

---

214 □ 次の極方程式は，どのような図形を表すか答えなさい.

(1) $r=\dfrac{2}{\cos\theta}$

(2) $r=2\cos\theta$

方針 (1) 分母を払い，$x=r\cos\theta$ を利用する.

(2) $r=0$ のとき，$\theta=\dfrac{\pi}{2}$ とすればよい.

$r\neq0$ のとき，$r^2=2r\cos\theta$ として $r^2=x^2+y^2$，$r\cos\theta=x$ を代入する.

(1)

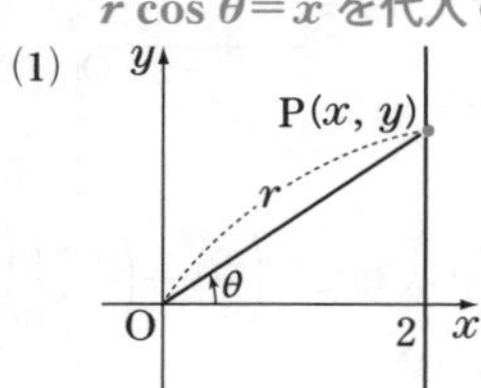

(2)

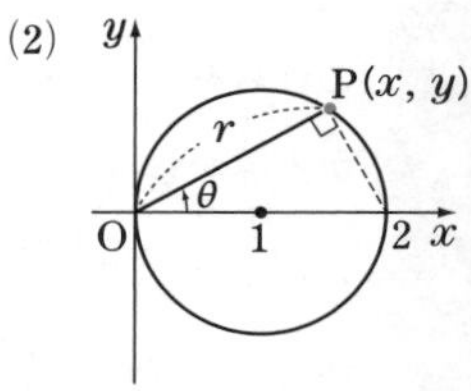

ANSWER

213

(1) $x=4\cos\frac{2\pi}{3}=4\cdot\left(-\frac{1}{2}\right)=-2$

$y=4\sin\frac{2\pi}{3}=4\cdot\frac{\sqrt{3}}{2}=2\sqrt{3}$

ゆえに,

直交座標 $(-2,\ 2\sqrt{3})$

(2) $r=\sqrt{6^2+(-6^2)}=6\sqrt{2}$

$\cos\theta=\frac{6}{6\sqrt{2}}=\frac{1}{\sqrt{2}}$

$\sin\theta=\frac{-6}{6\sqrt{2}}=-\frac{1}{\sqrt{2}}$ より

$\theta=\frac{7\pi}{4}$

ゆえに

極座標 $\left(6\sqrt{2},\ \frac{7\pi}{4}\right)$

214

(1) $r=\frac{2}{\cos\theta}$ より, $r\cos\theta=2$

$x=r\cos\theta$ であるから

$x=2$

ゆえに, 直線 $x=2$ を表す.

(2) (i) $r=0$ のとき, $\theta=\frac{\pi}{2}$ とすれば適する.

(ii) $r\neq0$ のとき, 両辺に r をかけて

$r^2=2r\cos\theta$

$r^2=x^2+y^2$, $r\cos\theta=x$ を代入して

$x^2+y^2=2x$, $(x-1)^2+y^2=1$

(i), (ii)より, 円 $(x-1)^2+y^2=1$ を表す.

73 極座標(2)

215 □

次の図形を極方程式で表しなさい.

(1) 直線 $x+y=2$

(2) 円 $x^2+y^2-2y=0$

方針 $x=r\cos\theta$, $y=r\sin\theta$ を代入して, r, θ の方程式を求める.

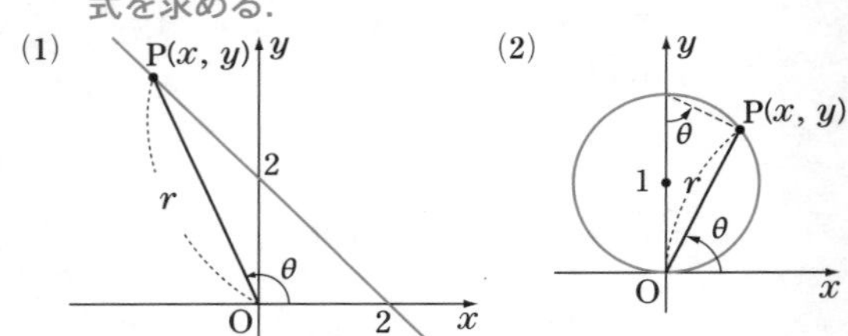

216 □

極方程式

$$r=\theta+\frac{\pi}{2}$$

$(0\leqq\theta\leqq 2\pi)$

で表される図形の概形をかきなさい.

方針 わかりやすい代表的な点をなるべく数多く記入して, 概形をつかむ.

$\frac{5}{2}\pi$

O $\frac{\pi}{2}$ π 2π

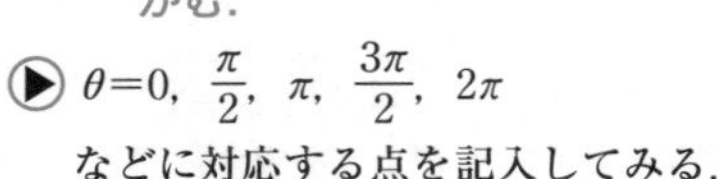

▶ $\theta=0,\ \frac{\pi}{2},\ \pi,\ \frac{3\pi}{2},\ 2\pi$

などに対応する点を記入してみる.

ANSWER

215

(1) 与式に $x=r\cos\theta$, $y=r\sin\theta$ を代入して

$$r\cos\theta+r\sin\theta=2$$
$$r(\cos\theta+\sin\theta)=2$$

ゆえに

$$r=\frac{2}{\sin\theta+\cos\theta}$$

(2) 与式に $x=r\cos\theta$, $y=r\sin\theta$ を代入して

$$r^2\cos^2\theta+r^2\sin^2\theta-2r\sin\theta=0$$
$$r^2-2r\sin\theta=0$$
$$r(r-2\sin\theta)=0$$

よって, $r=0$, $r=2\sin\theta$

$r=0$ は, $r=2\sin\theta$ に含まれるから求める極方程式は

$$r=2\sin\theta$$

216

θ のいくつかの値に対応する r の値を求めると, 次の表のようになる.

θ	0	$\frac{\pi}{4}$	$\frac{\pi}{2}$	$\frac{3}{4}\pi$	π	$\frac{5}{4}\pi$	$\frac{3}{2}\pi$	$\frac{7}{4}\pi$	2π
r	$\frac{\pi}{2}$	$\frac{3}{4}\pi$	π	$\frac{5}{4}\pi$	$\frac{3}{2}\pi$	$\frac{7}{4}\pi$	2π	$\frac{9}{4}\pi$	$\frac{5}{2}\pi$

これらの点を記入し, 滑らかに結ぶと, 右のような曲線が得られる.

O $\frac{\pi}{2}$ π 2π $\frac{5}{2}\pi$

(参考) この曲線は, アルキメデスの渦巻線と呼ばれる曲線の一部である.

74 いろいろな曲線の概形

217 □ 次のように媒介変数表示された曲線の概形は，右ページの図の曲線のうちのどれか答えなさい．ただし，a は正の定数である．

(1) $\begin{cases} x=a\cos^3\theta \\ y=a\sin^3\theta \end{cases}$　(2) $\begin{cases} x=a\sin\theta \\ y=a\sin 2\theta \end{cases}$

(3) $\begin{cases} x=a(\theta-\sin\theta) \\ y=a(1-\cos\theta) \end{cases}$

(4) $\begin{cases} x=a\cos\theta(1+\cos\theta) \\ y=a\sin\theta(1+\cos\theta) \end{cases}$

(5) $\begin{cases} x=a(\cos\theta+\theta\sin\theta) \\ y=a(\sin\theta-\theta\cos\theta) \end{cases}$

(参考)

θ	0	$\frac{\pi}{2}$	π
(1)	$(a,\ 0)$	$(0,\ a)$	$(-a,\ 0)$
(2)	$(0,\ 0)$	$(a,\ 0)$	$(0,\ 0)$
(3)	$(0,\ 0)$	$\left(\frac{\pi-2}{2}a,\ a\right)$	$(\pi a,\ 2a)$
(4)	$(2a,\ 0)$	$(0,\ a)$	$(0,\ 0)$
(5)	$(a,\ 0)$	$\left(\frac{\pi}{2}a,\ a\right)$	$(-a,\ \pi a)$

218 □ 次の極方程式で表される曲線の概形は，右ページの図の曲線のうちのどれか答えなさい．ただし，a は正の定数である．

(1) $r=a\sin 2\theta$　(2) $r=a(1+\cos\theta)$

(参考)

θ	0	$\frac{\pi}{4}$	$\frac{\pi}{2}$
(1)	$r=0$	$r=a$	$r=0$
(2)	$r=2a$	$r=\frac{2+\sqrt{2}}{2}a$	$r=a$

ANSWER

サイクロイド

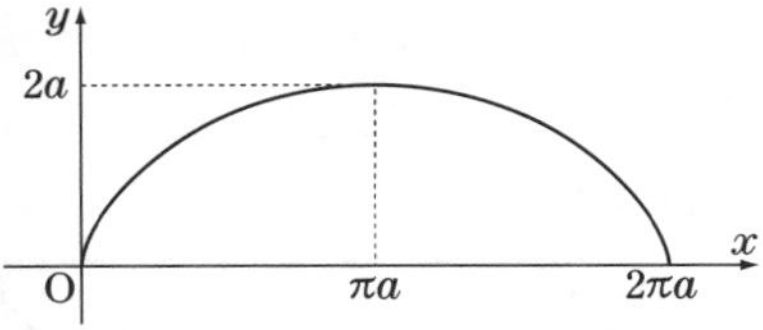

カージオイド

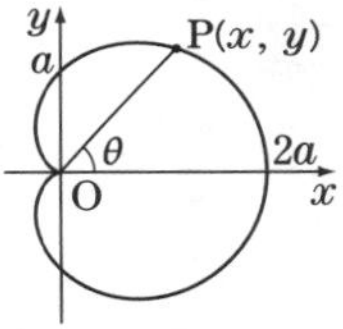

アステロイド

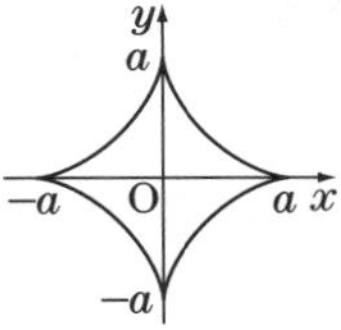

円の伸開線

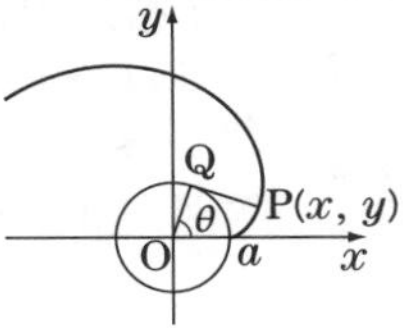

リサージュ曲線

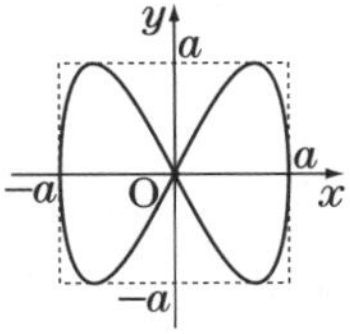

四葉形

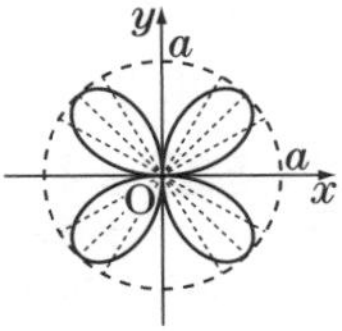

217

(1) アステロイド　(2) リサージュ曲線
(3) サイクロイド　(4) カージオイド
(5) 円の伸開線

218

(1) 四葉形　(2) カージオイド

75 複素数平面

219 □ 次の複素数の絶対値を求めなさい.

(1) $-3+4i$　　(2) $(-3+4i)(1-2i)$

方針 $z=x+yi$ のとき，$|z|=\sqrt{x^2+y^2}$

▶ $|\alpha\beta|=|\alpha||\beta|$ を利用する.

絶対値の性質　$|z|=|-z|=|\overline{z}|$　　$|z|^2=z\overline{z}$

---

220 □ $\alpha=6+7i$ とする．複素数平面上で，点 α を実軸方向に 2，虚軸方向に -3 だけ平行移動すると点 β に移る．また，同じ平行移動によって点 γ は点 α に移る．β，γ を求めなさい.

方針 複素数平面上の平行移動は，複素数の定数を加えることに対応する.

---

221 □ $\alpha=6+7i$ とする．複素数平面上で点 α と実軸に関して対称な点を β，虚軸に関して対称な点を γ，原点に関して対称な点を δ とする．β，γ，δ を求めなさい.

方針 z と $\overline{z}$ とは，実軸に関して対称.

(注意) 複素数 α と，複素数平面上で α に対応する点とを同じものとみなす（同一視する).

z が実数 $\iff$ $\overline{z}=z$

z が純虚数 $\iff$ $\overline{z}=-z$ かつ $z\neq 0$

$\iff$ $z+\overline{z}=0$ かつ $z\neq 0$

---

222 □ 3 点 $\alpha=5+2i$，$\beta=-2+3i$，$\gamma=x+i$ とする．複素数平面上で 3 点 α，β，γ が一直線上にあるように，実数 x の値を定めなさい.

方針 $\gamma-\alpha$ が $\beta-\alpha$ の実数倍になるように x を定める.

ANSWER

219

(1) $|-3+4i|=\sqrt{(-3)^2+4^2}=\mathbf{5}$

(2) $|1-2i|=\sqrt{1^2+(-2)^2}=\sqrt{5}$

ゆえに

$$\left|(-3+4i)(1-2i)\right|=|-3+4i||1-2i|$$
$$=5\times\sqrt{5}$$
$$=\mathbf{5\sqrt{5}}$$

(参考) $\left|(-3+4i)(1-2i)\right|=|5+10i|=\sqrt{5^2+10^2}=5\sqrt{5}$

220

$\beta=\alpha+(2-3i)=(6+7i)+(2-3i)=\mathbf{8+4i}$

$\gamma+(2-3i)=\alpha$ より

$$\gamma=\alpha-(2-3i)=(6+7i)-(2-3i)=\mathbf{4+10i}$$

221

$\beta=\mathbf{6-7i}$

$\gamma=\mathbf{-6+7i}$

$\delta=\mathbf{-6-7i}$

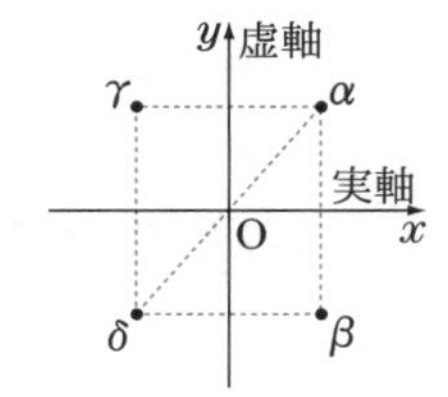

222

$\beta-\alpha=(-2+3i)-(5+2i)=-7+i$

$\gamma-\alpha=(x+i)-(5+2i)=(x-5)-i$

3 点が一直線上にあるための条件は

$$\gamma-\alpha=k(\beta-\alpha)\quad (k\text{は実数})$$

が成り立つことである．すなわち

$$(x-5)-i=k(-7+i)$$

よって

$$x-5=-7k \text{ かつ } -1=k$$

すなわち，$x=5-7k$ かつ $k=-1$

ゆえに，$x=5-7\times(-1)=\mathbf{12}$

76 極形式

223 □ 次の複素数を極形式で表しなさい．

(1) $3+3i$　　(2) $-2+2\sqrt{3}i$

方針 $r(\cos\theta+i\sin\theta)$ の形に変形する．

---

224 □ $z_1=6\left(\cos\frac{5}{12}\pi+i\sin\frac{5}{12}\pi\right)$，$z_2=3\left(\cos\frac{\pi}{4}+i\sin\frac{\pi}{4}\right)$ のとき，z_1z_2 および $\frac{z_1}{z_2}$ を求め，$a+bi$ の形で表しなさい．

$|z_1z_2|=|z_1||z_2|$，$\arg(z_1z_2)=\arg z_1+\arg z_2$

$\left|\frac{z_1}{z_2}\right|=\frac{|z_1|}{|z_2|}$，$\arg\left(\frac{z_1}{z_2}\right)=\arg z_1-\arg z_2$

---

225 □ 点 $5+7i$ を原点Oを中心に $\frac{\pi}{2}$ だけ回転すると点 α に一致する．また，点 β を原点Oを中心に $\frac{\pi}{3}$ だけ回転すると点 $4i$ に一致する．α，β を求めなさい．

方針 点 z を原点を中心に θ だけ回転した点は

$z(\cos\theta+i\sin\theta)$

---

226 □ $\alpha=\frac{1}{2}(1+\sqrt{3}i)$，$\beta=1+i$ とする．

0と異なる複素数 z に対して，次の3点を頂点とする三角形はどのような三角形になるか，下の(ア)〜(エ)から最もふさわしいものを選びなさい．

(1) 0，z，αz　　(2) 0，z，βz

(ア) 正三角形　　(イ) 二等辺三角形

(ウ) 直角三角形　　(エ) 直角二等辺三角形

方針 α，β を極形式で表して考える．

▶ $\alpha=r(\cos\theta+i\sin\theta)$ のとき，点 αz は点 z を原点Oを中心に角 θ だけ回転し，さらに原点からの距離を r 倍にした点である．

ANSWER

223

(1) $\sqrt{3^2+3^2}=3\sqrt{2}$ より

$$3+3i=3\sqrt{2}\left(\frac{1}{\sqrt{2}}+\frac{1}{\sqrt{2}}i\right)=\mathbf{3\sqrt{2}\left(\cos\frac{\pi}{4}+i\sin\frac{\pi}{4}\right)}$$

(2) $\sqrt{(-2)^2+(2\sqrt{3})^2}=4$ より

$$-2+2\sqrt{3}i=4\left(-\frac{1}{2}+\frac{\sqrt{3}}{2}i\right)=\mathbf{4\left(\cos\frac{2}{3}\pi+i\sin\frac{2}{3}\pi\right)}$$

224

$$z_1z_2=(6\times3)\left\{\cos\left(\frac{5}{12}\pi+\frac{\pi}{4}\right)+i\sin\left(\frac{5}{12}\pi+\frac{\pi}{4}\right)\right\}$$

$$=18\left(\cos\frac{2}{3}\pi+i\sin\frac{2}{3}\pi\right)=18\left(-\frac{1}{2}+\frac{\sqrt{3}}{2}i\right)$$

$$=\mathbf{-9+9\sqrt{3}i}$$

$$\frac{z_1}{z_2}=\frac{6}{3}\left\{\cos\left(\frac{5}{12}\pi-\frac{\pi}{4}\right)+i\sin\left(\frac{5}{12}\pi-\frac{\pi}{4}\right)\right\}$$

$$=2\left(\cos\frac{\pi}{6}+i\sin\frac{\pi}{6}\right)=2\left(\frac{\sqrt{3}}{2}+\frac{1}{2}i\right)$$

$$=\mathbf{\sqrt{3}+i}$$

225

$$\alpha=(5+7i)\left(\cos\frac{\pi}{2}+i\sin\frac{\pi}{2}\right)=(5+7i)\times i=\mathbf{-7+5i}$$

$\beta\left(\cos\frac{\pi}{3}+i\sin\frac{\pi}{3}\right)=4i$ より

$$\beta=4i\left\{\cos\left(-\frac{\pi}{3}\right)+i\sin\left(-\frac{\pi}{3}\right)\right\}$$

$$=4i\left(\frac{1}{2}-\frac{\sqrt{3}}{2}i\right)=\mathbf{2\sqrt{3}+2i}$$

226

(1) $\alpha=\cos\frac{\pi}{3}+i\sin\frac{\pi}{3}$ であるから,

点 αz は点 z を原点を中心に $\frac{\pi}{3}$ だけ回転した点である.

ゆえに, (ア)

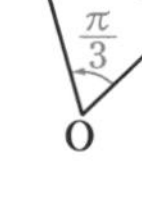

(2) $\beta=\sqrt{2}\left(\cos\frac{\pi}{4}+i\sin\frac{\pi}{4}\right)$ であるから,

点 βz は点 z を原点を中心に $\frac{\pi}{4}$ だけ回転し, さらに原点からの距離を $\sqrt{2}$ 倍にした点である.

ゆえに, (エ)

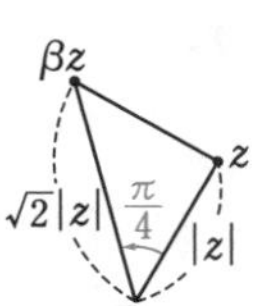

77 ド・モアブルの定理(1)

227 □

次の計算をしなさい.

(1) $\left(\cos\frac{\pi}{6}+i\sin\frac{\pi}{6}\right)^3$　　(2) $\left(\cos\frac{\pi}{6}+i\sin\frac{\pi}{6}\right)^{-4}$

方針 ド・モアブルの定理を利用する.

ド・モアブルの定理
n が整数のとき
$$(\cos\theta+i\sin\theta)^n=\cos n\theta+i\sin n\theta$$

---

228 □

次の計算をしなさい.

(1) $\left(-\frac{\sqrt{3}}{2}+\frac{1}{2}i\right)^5$　　(2) $\left(-\frac{\sqrt{3}}{2}+\frac{1}{2}i\right)^{-6}$

方針 極形式で表してから，ド・モアブルの定理を利用する.

---

229 □

次の計算をしなさい.

(1) $(1+\sqrt{3}i)^8$　　(2) $(1-i)^{10}$

方針 極形式で表してから計算する.

ド・モアブルの定理の拡張
n が整数のとき
$$\{r(\cos\theta+i\sin\theta)\}^n=r^n(\cos n\theta+i\sin n\theta)$$

---

230 □

△ABC において，次の値を求めなさい.

$$\left(\cos\frac{A}{2}+i\sin\frac{A}{2}\right)\left(\cos\frac{B}{2}+i\sin\frac{B}{2}\right)\left(\cos\frac{C}{2}+i\sin\frac{C}{2}\right)$$

方針 ド・モアブルの定理の利用.

▶ $A+B+C=\pi$

ANSWER

227

(1) $\left(\cos\frac{\pi}{6}+i\sin\frac{\pi}{6}\right)^3=\cos\left(3\times\frac{\pi}{6}\right)+i\sin\left(3\times\frac{\pi}{6}\right)$

$=\cos\frac{\pi}{2}+i\sin\frac{\pi}{2}=\boldsymbol{i}$

(2) $\left(\cos\frac{\pi}{6}+i\sin\frac{\pi}{6}\right)^{-4}=\cos\left((-4)\times\frac{\pi}{6}\right)+i\sin\left((-4)\times\frac{\pi}{6}\right)$

$=\cos\left(-\frac{2}{3}\pi\right)+i\sin\left(-\frac{2}{3}\pi\right)=\boldsymbol{-\frac{1}{2}-\frac{\sqrt{3}}{2}i}$

228

(1) $\left(-\frac{\sqrt{3}}{2}+\frac{1}{2}i\right)^5=\left(\cos\frac{5}{6}\pi+i\sin\frac{5}{6}\pi\right)^5$

$=\cos\frac{25}{6}\pi+i\sin\frac{25}{6}\pi=\cos\frac{\pi}{6}+i\sin\frac{\pi}{6}$

$=\boldsymbol{\frac{\sqrt{3}}{2}+\frac{1}{2}i}$

(2) $\left(-\frac{\sqrt{3}}{2}+\frac{1}{2}i\right)^{-6}=\left(\cos\frac{5}{6}\pi+i\sin\frac{5}{6}\pi\right)^{-6}$

$=\cos(-5\pi)+i\sin(-5\pi)=\boldsymbol{-1}$

229

(1) $(1+\sqrt{3}i)^8=\left\{2\left(\cos\frac{\pi}{3}+i\sin\frac{\pi}{3}\right)\right\}^8$

$=2^8\left(\cos\frac{8}{3}\pi+i\sin\frac{8}{3}\pi\right)=256\left(-\frac{1}{2}+\frac{\sqrt{3}}{2}i\right)$

$=\boldsymbol{-128+128\sqrt{3}\,i}$

(2) $(1-i)^{10}=\left\{\sqrt{2}\left(\cos\left(-\frac{\pi}{4}\right)+i\sin\left(-\frac{\pi}{4}\right)\right)\right\}^{10}$

$=(\sqrt{2})^{10}\left\{\left(\cos\left(-\frac{5}{2}\pi\right)+i\sin\left(-\frac{5}{2}\pi\right)\right\}\right.$

$=32\times(-i)=\boldsymbol{-32i}$

230

$\left(\cos\frac{A}{2}+i\sin\frac{A}{2}\right)\left(\cos\frac{B}{2}+i\sin\frac{B}{2}\right)\left(\cos\frac{C}{2}+i\sin\frac{C}{2}\right)$

$=\cos\frac{A+B+C}{2}+i\sin\frac{A+B+C}{2}$

$=\cos\frac{\pi}{2}+i\sin\frac{\pi}{2}=\boldsymbol{i}$

78 ド・モアブルの定理(2)

231 □ $(-1+i)^n$ が正の実数となる自然数 n のうち，最小のものを求めなさい．

方針 極形式で表し，ド・モアブルの定理を用いる．

ド・モアブルの定理の拡張
n が整数のとき

$$\{r(\cos\theta+i\sin\theta)\}^n=r^n(\cos n\theta+i\sin n\theta)$$

---

232 □ 複素数 z は $z+\dfrac{1}{z}=1$ を満たす．
n を自然数とするとき

$$z^n+\frac{1}{z^n}$$

のとりうる値をすべて求めなさい．

方針 まず z の値を求め，極形式で表す．

▶ $z^2-z+1=0$ を解いて z の値を求める．

▶ z を極形式で表すと，$z^6=1$ であることがわかる．

▶ $n=1,\ 2,\ 3,\ 4,\ 5,\ 6$ について調べれば十分である．

A N S W E R

231

$-1+i=\sqrt{2}\left(-\frac{1}{\sqrt{2}}+\frac{1}{\sqrt{2}}i\right)=\sqrt{2}\left(\cos\frac{3}{4}\pi+i\sin\frac{3}{4}\pi\right)$

よって，ド・モアブルの定理より

$$(-1+i)^n=(\sqrt{2})^n\left\{\cos\left(\frac{3}{4}\pi\times n\right)+i\sin\left(\frac{3}{4}\pi\times n\right)\right\}$$

この値が正の実数になるのは $\frac{3}{4}\pi\times n$ が 2π の整数倍になるときである．すなわち

$$\frac{3}{4}\pi\times n=2\pi\times m \quad (m\text{ は整数}) \qquad 3n=8m$$

これを満たす最小の自然数 n は，$n=8$

(参考) $(-1+i)^8=16$

232

$z+\frac{1}{z}=1$ より $z^2-z+1=0$

$$z=\frac{1\pm\sqrt{3}i}{2}=\cos\left(\pm\frac{\pi}{3}\right)+i\sin\left(\pm\frac{\pi}{3}\right)\text{（複号同順）}$$

ここで，$z=\cos\left(-\frac{\pi}{3}\right)+i\sin\left(-\frac{\pi}{3}\right)$ のとき

$$\frac{1}{z}=\left\{\cos\left(-\frac{\pi}{3}\right)+i\sin\left(-\frac{\pi}{3}\right)\right\}^{-1}=\cos\frac{\pi}{3}+i\sin\frac{\pi}{3}$$

であるから，$z=\cos\frac{\pi}{3}+i\sin\frac{\pi}{3}$ として考えてよい．

また，$z^6=1$ であるから，$n=1,\ 2,\ 3,\ 4,\ 5,\ 6$ について調べれば十分である．

$n=1$ のとき，$z^1+\frac{1}{z^1}=1$

$n=2$ のとき，$z^2+\frac{1}{z^2}=\left(z+\frac{1}{z}\right)^2-2\cdot z\cdot\frac{1}{z}=1^2-2=-1$

$n=3$ のとき，$z^3=-1$ より $z^3+\frac{1}{z^3}=(-1)+\frac{1}{-1}=-2$

$n=4$ のとき，$z^4+\frac{1}{z^4}=z^3\cdot z+\frac{1}{z^3}\cdot\frac{1}{z}=-\left(z+\frac{1}{z}\right)=-1$

$n=5$ のとき，$z^5+\frac{1}{z^5}=z^3\cdot z^2+\frac{1}{z^3}\cdot\frac{1}{z^2}=-\left(z^2+\frac{1}{z^2}\right)=1$

$n=6$ のとき，$z^6+\frac{1}{z^6}=1+1=2$

以上より，$z^n+\frac{1}{z^n}$ のとりうる値は，$-2,\ -1,\ 1,\ 2$

79 1の n 乗根，複素数の n 乗根

233 □

次の値を求めなさい．

(1) 1の3乗根　　(2) 1の4乗根　　(3) 1の6乗根

1の n 乗根は，次の n 個の複素数である．

$$z_k=\cos\left(\frac{2\pi}{n}\times k\right)+i\sin\left(\frac{2\pi}{n}\times k\right)\quad (k=0,\ 1,\ 2,\ \cdots,\ n-1)$$

234 □

i の平方根，すなわち，$z^2=i$ を満たす複素数 z をすべて求めなさい．

方針　$z=\cos\theta+i\sin\theta$ とおいて，ド・モアブルの定理を利用する．

▶ $|i|=1$ であるから，$z=\cos\theta+i\sin\theta$ とおいてよい．

235 □

方程式 $z^3=8i$ を次のようにして解いた．

□ にあてはまる数値を答えなさい．

$z=r(\cos\theta+i\sin\theta)$ とおくと

$z^3=r^{\boxed{(ア)}}(\cos\boxed{(イ)}+i\sin\boxed{(イ)})$

また，$8i=8(\cos\boxed{(ウ)}+i\sin\boxed{(ウ)})$

ただし，$0\leqq\boxed{(ウ)}<2\pi$

2式を比較して $r^{\boxed{(ア)}}=\boxed{(エ)}$，$\boxed{(イ)}=\boxed{(ウ)}+2\pi\times k$

$r>0$ であるから，$r=\boxed{(オ)}$　　(k は整数)

$0\leqq\theta<2\pi$ において，$\theta=\boxed{(カ)}$，$\boxed{(キ)}$，$\boxed{(ク)}$

ただし，$\boxed{(カ)}<\boxed{(キ)}<\boxed{(ク)}$

ゆえに，$z=\boxed{(オ)}(\cos\boxed{(カ)}+i\sin\boxed{(カ)})$，

$\boxed{(オ)}(\cos\boxed{(キ)}+i\sin\boxed{(キ)})$，$\boxed{(オ)}(\cos\boxed{(ク)}+i\sin\boxed{(ク)})$

すなわち，$z=\boxed{(ケ)}$，$\boxed{(コ)}$，$\boxed{(サ)}$

236 □

複素数 α の4乗根の1つを β とするとき，α の4乗根を β を用いて表しなさい．ただし，$\alpha\neq0$ とする．

方針　1の4乗根に帰着させる．

▶ $z^4=\beta^4$ より，$\left(\frac{z}{\beta}\right)^4=1$

A N S W E R

233

(1)　1，$\cos\frac{2}{3}\pi+i\sin\frac{2}{3}\pi$，$\cos\frac{4}{3}\pi+i\sin\frac{4}{3}\pi$

すなわち，$\mathbf{1}$，$\dfrac{-1+\sqrt{3}i}{2}$，$\dfrac{-1-\sqrt{3}i}{2}$

(2)　1，$\cos\frac{\pi}{2}+i\sin\frac{\pi}{2}$，$\cos\pi+i\sin\pi$，$\cos\frac{3}{2}\pi+i\sin\frac{3}{2}\pi$

すなわち，$\mathbf{1}$，i，-1，$-i$

(3)　1，$\cos\frac{\pi}{3}+i\sin\frac{\pi}{3}$，$\cos\frac{2}{3}\pi+i\sin\frac{2}{3}\pi$，$\cos\pi+i\sin\pi$，

$\cos\frac{4}{3}\pi+i\sin\frac{4}{3}\pi$，$\cos\frac{5}{3}\pi+i\sin\frac{5}{3}\pi$

すなわち，$\mathbf{1}$，$\dfrac{1+\sqrt{3}i}{2}$，$\dfrac{-1+\sqrt{3}i}{2}$，-1，$\dfrac{-1-\sqrt{3}i}{2}$，$\dfrac{1-\sqrt{3}i}{2}$

234

$|i|=1$ であるから，$z=\cos\theta+i\sin\theta$ とおくと，ド・モアブルの定理より $z^2=\cos 2\theta+i\sin 2\theta$

これと，$i=\cos\frac{\pi}{2}+i\sin\frac{\pi}{2}$ とを比較

して　　$2\theta=\frac{\pi}{2}+2\pi\times k$

$\theta=\frac{\pi}{4}+k\pi$　(k は整数)

$0\leqq\theta<2\pi$ において，$\theta=\frac{\pi}{4}$，$\frac{5}{4}\pi$

ゆえに，$z=\cos\frac{\pi}{4}+i\sin\frac{\pi}{4}$，$\cos\frac{5}{4}\pi+i\sin\frac{5}{4}\pi$

すなわち，$z=\dfrac{1+i}{\sqrt{2}}$，$-\dfrac{1+i}{\sqrt{2}}$

235

(ア)　3　(イ)　3θ　(ウ)　$\frac{\pi}{2}$　(エ)　8

(オ)　2　(カ)　$\frac{\pi}{6}$　(キ)　$\frac{5}{6}\pi$　(ク)　$\frac{3}{2}\pi$

(ケ)　$\sqrt{3}+i$　(コ)　$-\sqrt{3}+i$　(サ)　$-2i$

236

$z^4=\alpha$ を解く．$\alpha=\beta^4$ より　　$z^4=\beta^4$

$\alpha\neq0$ であるから，$\beta\neq0$ であり，

$\frac{z^4}{\beta^4}=1$ すなわち $\left(\frac{z}{\beta}\right)^4=1$

ここで，1 の 4 乗根は ±1，$\pm i$ である

から　　$\frac{z}{\beta}=\pm1$，$\pm i$

ゆえに，$z=\pm\beta$，$\pm i\beta$

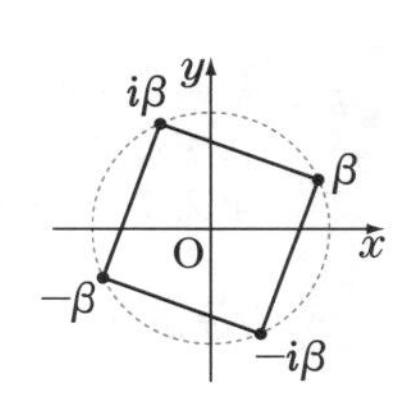

10 複素数平面

80 図形への応用(1)

237 □ 複素数平面上に3点 $\alpha=6+8i$, $\beta=3+2i$, $\gamma=9+5i$ がある.

(1) 2点 α, β を結ぶ線分を2:1に内分する点, 2:1に外分する点を表す複素数を求めなさい.

(2) 3点 α, β, γ を頂点とする三角形の重心を表す複素数を求めなさい.

内分点・外分点

2点 α, β を結ぶ線分を $m:n$ に

内分する点は $\dfrac{n\alpha+m\beta}{m+n}$, 外分する点は $\dfrac{(-n)\alpha+m\beta}{m-n}$

---

238 □ 複素数平面上で,
点 $z=6+4i$ を点 $\alpha=4+3i$ を中心に $\dfrac{\pi}{2}$ だけ回転した点 w を求めなさい.

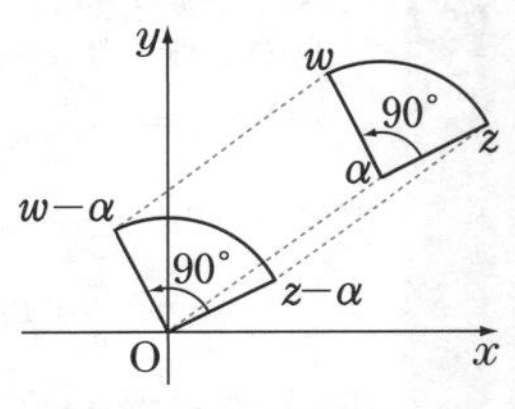

方針 $z-\alpha$ を原点を中心に $\dfrac{\pi}{2}$ だけ回転した点が $w-\alpha$ となることを利用する.

---

239 □ 複素数平面上で, 3点 $\alpha=1$, $\beta=3+2i$, γ が正三角形の3頂点となるように, 複素数 γ の値を定めなさい.

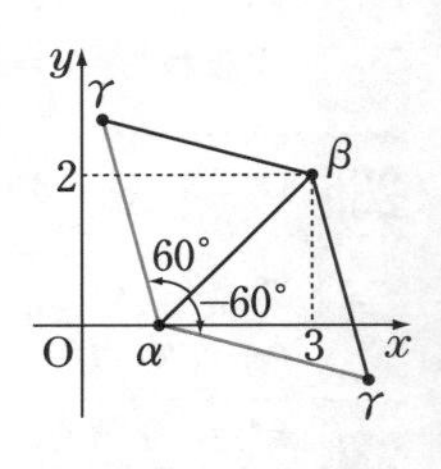

方針 点 α を中心に点 β を $\pm\dfrac{\pi}{3}$ だけ回転した点が γ である.

---

240 □ 複素数平面上で, 点 z が $|z-2i|=3$ を満たしながら変化するとき, $w=iz+4$ を満たす点 w はどのような図形をえがくか答えなさい.

方針 $z=\dfrac{w-4}{i}$ を代入して z を消去する.

ANSWER

237 (1) 内分する点は $\dfrac{1\cdot(6+8i)+2\cdot(3+2i)}{2+1}=\mathbf{4+4i}$

外分する点は $\dfrac{(-1)\cdot(6+8i)+2\cdot(3+2i)}{2-1}=\mathbf{-4i}$

(2) 重心は $\dfrac{(6+8i)+(3+2i)+(9+5i)}{3}=\mathbf{6+5i}$

238 $z-\alpha$ を原点を中心に $\dfrac{\pi}{2}$ だけ回転した点が $w-\alpha$ であるから

$$w-\alpha=(z-\alpha)\left(\cos\frac{\pi}{2}+i\sin\frac{\pi}{2}\right)=(z-\alpha)i$$
$$w=\alpha+(z-\alpha)i=(4+3i)+(2+i)i$$
$$=(4+3i)+(-1+2i)=\mathbf{3+5i}$$

239 点 α を中心に点 β を $\dfrac{\pi}{3}$ または $-\dfrac{\pi}{3}$ だけ回転した点が γ であるから

$$\gamma-\alpha=(\beta-\alpha)\left\{\cos\left(\pm\frac{\pi}{3}\right)+i\sin\left(\pm\frac{\pi}{3}\right)\right\}$$
$$=(\beta-\alpha)\left(\frac{1}{2}\pm\frac{\sqrt{3}}{2}i\right)$$
$$\gamma=\alpha+(\beta-\alpha)\left(\frac{1}{2}\pm\frac{\sqrt{3}}{2}i\right)$$
$$=1+(2+2i)\left(\frac{1}{2}\pm\frac{\sqrt{3}}{2}i\right)=1+\{(1\mp\sqrt{3})+(1\pm\sqrt{3})i\}$$
$$=\mathbf{(2\mp\sqrt{3})+(1\pm\sqrt{3})i}$$ **(複号同順)**

240 $w=iz+4$ より $z=\dfrac{w-4}{i}$

$|z-2i|=3$ に代入して，$\left|\dfrac{w-4}{i}-2i\right|=3$

$$\frac{|w-4-2i^2|}{|i|}=3$$
$$|w-2|=3$$

ゆえに，w は**点 2 を中心とする半径 3 の円をえがく．**

(参考) 点 z がえがく図形は，点 $2i$ を中心とする半径 3 の円である．ここで，$i\times2i+4=2$ であり，回転および平行移動によって円の半径は変わらないので，点 w は点 2 を中心とする半径 3 の円をえがくと考えてもよい．

81 図形への応用(2)

241 □

$\alpha=2+3i$, $\beta=4+4i$, $\gamma=3+6i$ のとき，$\angle\beta\alpha\gamma$ を求めなさい．

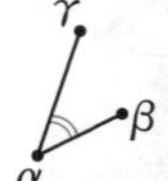

$$\angle\beta\alpha\gamma=\arg\left(\frac{\gamma-\alpha}{\beta-\alpha}\right)$$

---

242 □

複素数平面上に 4 点 $\alpha=-4+i$, $\beta=-1+3i$, $\gamma=-3+4i$, $\delta=x+8i$ がある．

直線 $\alpha\beta$ と直線 $\gamma\delta$ が平行になるように，実数 x の値を定めなさい．

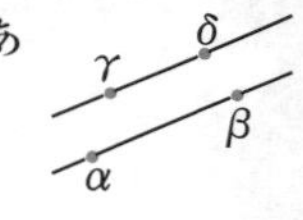

直線 $\alpha\beta$ と直線 $\gamma\delta$ が平行 $\Longleftrightarrow$ $\dfrac{\delta-\gamma}{\beta-\alpha}$ が実数

---

243 □

$\alpha=-4+3i$, $\beta=-1+2i$, $\gamma=-2-2i$, $\delta=4i$ のとき，直線 $\alpha\beta$ と直線 $\gamma\delta$ は垂直に交わることを確かめなさい．

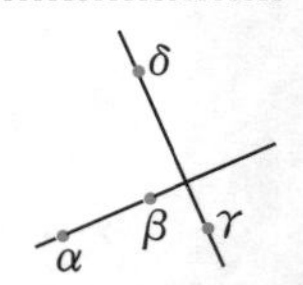

直線 $\alpha\beta$ と直線 $\gamma\delta$ が垂直に交わる

$\Longleftrightarrow$ $\dfrac{\delta-\gamma}{\beta-\alpha}$ が純虚数

---

244 □

4 点 $\alpha=-1+7i$, $\beta=-2+2i$, $\gamma=3+i$, $\delta=4+6i$ は，同一円周上にあることを確かめなさい．

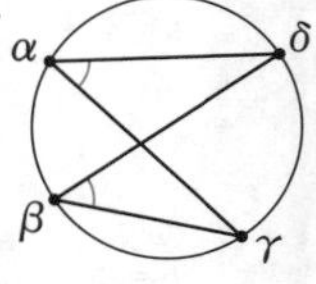

方針 $\angle\gamma\alpha\delta=\angle\gamma\beta\delta$ であることを確かめる．

▶ $\angle\gamma\alpha\delta=\arg\left(\dfrac{\delta-\alpha}{\gamma-\alpha}\right)$ と $\angle\gamma\beta\delta=\arg\left(\dfrac{\delta-\beta}{\gamma-\beta}\right)$ を計算する．

A N S W E R

241 □

$$\frac{\gamma-\alpha}{\beta-\alpha}=\frac{(3+6i)-(2+3i)}{(4+4i)-(2+3i)}=\frac{1+3i}{2+i}$$
$$=\frac{(1+3i)(2-i)}{(2+i)(2-i)}=\frac{5+5i}{5}=1+i$$
$$\arg\left(\frac{\gamma-\alpha}{\beta-\alpha}\right)=\arg(1+i)=\frac{\pi}{4}$$
ゆえに，$\angle\beta\alpha\gamma=\frac{\pi}{4}$

242 □

$$\frac{\delta-\gamma}{\beta-\alpha}=\frac{(x+8i)-(-3+4i)}{(-1+3i)-(-4+i)}$$
$$=\frac{(x+3)+4i}{3+2i}$$
$$=\frac{\{(x+3)+4i\}(3-2i)}{(3+2i)(3-2i)}$$
$$=\frac{(3x+17)-2(x-3)i}{13}$$

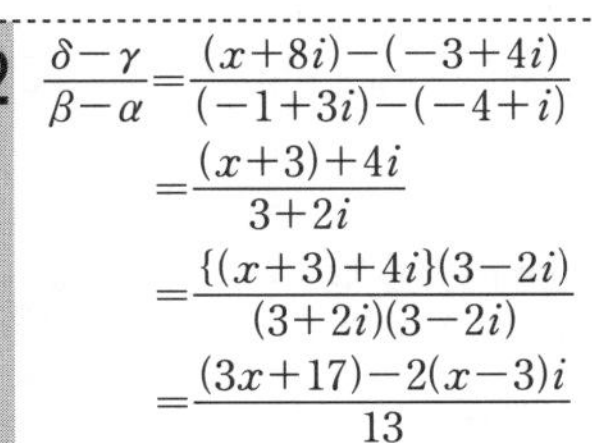

ゆえに，$x=3$

243 □

$$\frac{\delta-\gamma}{\beta-\alpha}=\frac{4i-(-2-2i)}{(-1+2i)-(-4+3i)}=\frac{2+6i}{3-i}$$
$$=\frac{(2+6i)(3+i)}{(3-i)(3+i)}=\frac{20i}{10}=2i$$
ゆえに，直線 $\alpha\beta$ と直線 $\gamma\delta$ は垂直に交わる．

244 □

$$\frac{\delta-\alpha}{\gamma-\alpha}=\frac{(4+6i)-(-1+7i)}{(3+i)-(-1+7i)}=\frac{5-i}{4-6i}=\frac{1}{2}\cdot\frac{5-i}{2-3i}$$
$$=\frac{1}{2}\cdot\frac{(5-i)(2+3i)}{(2-3i)(2+3i)}=\frac{1}{2}\cdot\frac{13+13i}{13}=\frac{1+i}{2}$$
$$\frac{\delta-\beta}{\gamma-\beta}=\frac{(4+6i)-(-2+2i)}{(3+i)-(-2+2i)}=\frac{6+4i}{5-i}$$
$$=\frac{2(3+2i)(5+i)}{(5-i)(5+i)}=\frac{2(13+13i)}{26}=1+i$$

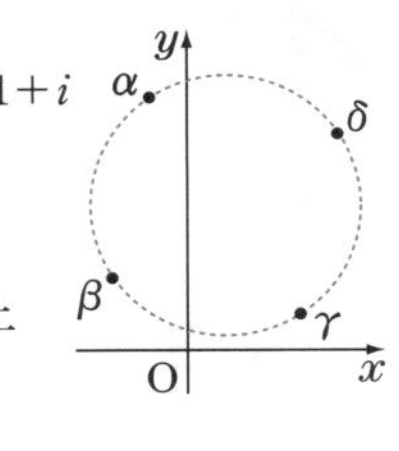

よって，$\arg\left(\frac{\delta-\alpha}{\gamma-\alpha}\right)=\arg\left(\frac{\delta-\beta}{\gamma-\beta}\right)$ が成り立つので，$\angle\gamma\alpha\delta=\angle\gamma\beta\delta$ である．
ゆえに，4 点 α，β，γ，δ は同一円周上にある．

82 図形への応用(3)

245

複素数平面上に 3 点 A(-3), B(3), P(z) がある.
P が AP : BP＝2 : 1 を満たしながら動くとき, 点 P がえがく図形を求めなさい.

方針 $|\alpha|^2=\alpha\overline{\alpha}$ を利用して変形する.

▶ AP : BP＝2 : 1 より AP＝2BP

▶ $\mathrm{AP}=|z-(-3)|=|z+3|$, $\mathrm{BP}=|z-3|$

▶ $|z+3|=2|z-3|$ より, $|z+3|^2=4|z-3|^2$

▶ $|z+3|^2=(z+3)\overline{(z+3)}=(z+3)(\overline{z}+3)$
$|z-3|^2=(z-3)\overline{(z-3)}=(z-3)(\overline{z}-3)$

▶ $z\overline{z}-5z-5\overline{z}+9=0$ より, $z\overline{z}-5z-5\overline{z}+25=-9+25$
これを, $(z-5)(\overline{z}-5)=16$ と変形する.

246

複素数平面上の 2 点 z, w の間には, $w=\dfrac{1}{z+2}$ という関係がある. 点 z が $|z|=1$ を満たしながら変化するとき, 点 w はどのような図形をえがくか答えなさい.

方針 z を w で表し, $|z|=1$ に代入して w の満たす式を求める.

▶ $z=\dfrac{1}{w}-2$

▶ $|w|$ は, $|w|^2=w\overline{w}$ を利用して変形する.

ANSWER

245

AP：BP＝2：1 より AP＝2BP

AP＝$|z-(-3)|=|z+3|$，BP＝$|z-3|$ であるから

$|z+3|=2|z-3| \qquad |z+3|^2=4|z-3|^2$

$(z+3)(\overline{z}+3)=4(z-3)(\overline{z}-3)$

$z\overline{z}+3z+3\overline{z}+9=4(z\overline{z}-3z-3\overline{z}+9)$

$3z\overline{z}-15z-15\overline{z}+27=0$

$z\overline{z}-5z-5\overline{z}+9=0$

$z\overline{z}-5z-5\overline{z}+25=-9+25$

$(z-5)(\overline{z}-5)=16 \qquad |z-5|^2=16$

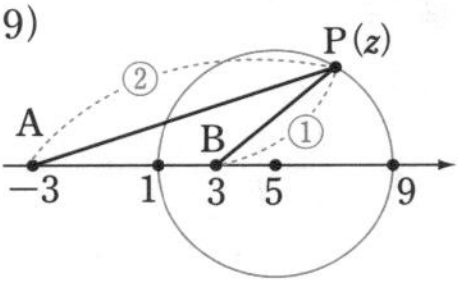

よって，$|z-5|=4$

ゆえに，点 P は，**点 5 を中心とする半径 4 の円**をえがく．

(参考) アポロニウスの円：線分 AB を 2：1 に内分する点を C，2：1 に外分する点を D とすると，C(1)，D(9) であり，線分 CD を直径とする円が求める図形である．

246

$w=\dfrac{1}{z+2}$ より $\qquad z=\dfrac{1}{w}-2$ これを $|z|=1$ に代入して

$$\left|\frac{1}{w}-2\right|=1, \qquad \frac{|1-2w|}{|w|}=1$$

$|1-2w|=|w|, \qquad |1-2w|^2=|w|^2$

$(1-2w)(1-2\overline{w})=w\overline{w}, \qquad 1-2w-2\overline{w}+4w\overline{w}=w\overline{w}$

$3w\overline{w}-2w-2\overline{w}+1=0, \qquad w\overline{w}-\dfrac{2}{3}w-\dfrac{2}{3}\overline{w}+\dfrac{1}{3}=0$

$$w\overline{w}-\frac{2}{3}w-\frac{2}{3}\overline{w}+\frac{4}{9}=-\frac{1}{3}+\frac{4}{9}$$

$\left(w-\dfrac{2}{3}\right)\left(\overline{w}-\dfrac{2}{3}\right)=\dfrac{1}{9}, \qquad \left|w-\dfrac{2}{3}\right|^2=\dfrac{1}{9}$

$\left|w-\dfrac{2}{3}\right|=\dfrac{1}{3}$

ゆえに，点 w は**点 $\dfrac{2}{3}$ を中心とする半径 $\dfrac{1}{3}$ の円**をえがく．

必ず覚える公式

■ 極限値

(1) $\displaystyle\lim_{\theta\to 0}\frac{\sin\theta}{\theta}=1$　　(2) $\displaystyle e=\lim_{h\to 0}(1+h)^{\frac{1}{h}}$

■ 微　分

(1) $(fg)'=f'g+fg'$　：積の微分法

(2) $\displaystyle\left(\frac{f}{g}\right)'=\frac{f'g-fg'}{g^2}$　：商の微分法

(3) $\{f(g(x))\}'=f'(g(x))\cdot g'(x)$　：合成関数の微分法

■ 積　分

(1) 置換積分法 $x=g(t)$ のとき

$$\int f(x)dx=\int f(g(t))\frac{dx}{dt}dt=\int f(g(t))g'(t)dt$$

(2) 部分積分法

$$\int f'(x)g(x)dx=f(x)g(x)-\int f(x)g'(x)dx$$

$$\int f(x)g'(x)dx=f(x)g(x)-\int f'(x)g(x)dx$$

■ 微分と積分

(1) $(x^n)'=nx^{n-1}$ …… $\displaystyle\int x^m dx=\frac{1}{m+1}x^{m+1}+C$

(2) $(\sin x)'=\cos x$ …… $\displaystyle\int\cos x\,dx=\sin x+C$

(3) $(\cos x)'=-\sin x$ …… $\displaystyle\int\sin x\,dx=-\cos x+C$

(4) $\displaystyle(\tan x)'=\frac{1}{\cos^2 x}$ …… $\displaystyle\int\frac{1}{\cos^2 x}dx=\tan x+C$

(5) $\displaystyle\left(\frac{1}{\tan x}\right)'=-\frac{1}{\sin^2 x}$ …… $\displaystyle\int\frac{1}{\sin^2 x}dx=-\frac{1}{\tan x}+C$

(6) $(e^x)'=e^x$ …… $\displaystyle\int e^x dx=e^x+C$

(7) $\displaystyle(\log|x|)'=\frac{1}{x}$ …… $\displaystyle\int\frac{1}{x}dx=\log|x|+C$

SPECIAL EXERCISE

III・C 10

MATHEMATICS

1 漸化式と数列の極限

漸化式で定義された数列の極限についての問題です．一般項を n で表し，$n\to\infty$ とすればよいのですが，一般項が求められなくても，グラフを参考にしながら極限を求めることができます．大学入試の頻出問題の1つです．

247 □

$$\begin{cases} a_1=1 \\ a_{n+1}=\dfrac{1}{2}a_n+1 \quad (n=1,\ 2,\ 3,\ \cdots) \end{cases}$$

で定義される数列 $\{a_n\}$ の極限を調べなさい．

方針 漸化式を $a_{n+1}-\alpha=\dfrac{1}{2}(a_n-\alpha)$ の形に変形して，a_n を求める．

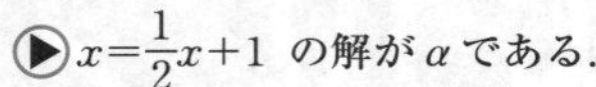

▶ $x=\dfrac{1}{2}x+1$ の解が α である．

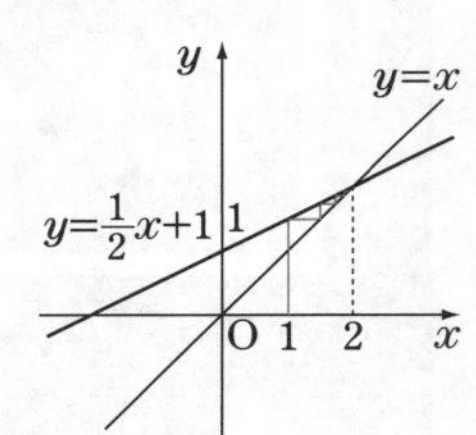

248 □

$$\begin{cases} a_1=3 \\ a_{n+1}=\sqrt{2+a_n} \end{cases}$$

で定義される数列 $\{a_n\}$ の極限を調べなさい．

方針 極限値 α を予測し，$a_n-\alpha$ を計算する．

▶ この数列の極限値は $x=\sqrt{2+x}$ の解である．

▶ $a_n-\alpha$ を計算し，はさみうちの原理を利用する．

▶ もし，$a_n-\alpha$ の正負が不明ならば，$|a_n-\alpha|$ を計算する．

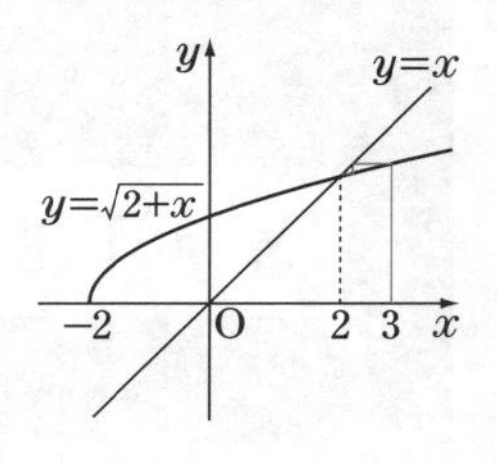

ANSWER

特別問題

247

$x=\frac{1}{2}x+1$ を解いて $x=2$

$a_{n+1}=\frac{1}{2}a_n+1$ より $a_{n+1}-2=\frac{1}{2}a_n-1$

$$a_{n+1}-2=\frac{1}{2}(a_n-2)$$

よって，

$$a_n-2=\left(\frac{1}{2}\right)^{n-1}\cdot(a_1-2)=\left(\frac{1}{2}\right)^{n-1}\cdot(1-2)=-\left(\frac{1}{2}\right)^{n-1}$$

したがって， $a_n=2-\left(\frac{1}{2}\right)^{n-1}$

ゆえに， $\lim_{n\to\infty}a_n=\lim_{n\to\infty}\left\{2-\left(\frac{1}{2}\right)^{n-1}\right\}=\mathbf{2}$

248

$x=\sqrt{2+x}$ より $x^2=2+x$

$x^2-x-2=0$ $x=2,\ -1$

$a_n>0$ であるから，数列 $\{a_n\}$ は 2 に収束すると予測できる．

$$a_{n+1}-2=\sqrt{2+a_n}-2=\frac{(\sqrt{2+a_n})^2-2^2}{\sqrt{2+a_n}+2}=\frac{2+a_n-4}{\sqrt{2+a_n}+2}$$

$$=\frac{a_n-2}{\sqrt{2+a_n}+2}=\frac{1}{\sqrt{2+a_n}+2}(a_n-2)$$

ここで，$\sqrt{2+a_n}>0$ であるから

$$\sqrt{2+a_n}+2>2$$

よって， $0<\frac{1}{\sqrt{2+a_n}+2}<\frac{1}{2}$

したがって， $0<a_{n+1}-2<\frac{1}{2}(a_n-2)$

これを繰り返し利用して

$$0<a_n-2<\left(\frac{1}{2}\right)^{n-1}\cdot(a_1-2)=\left(\frac{1}{2}\right)^{n-1}\cdot(3-2)=\left(\frac{1}{2}\right)^{n-1}$$

ここで，$n\to\infty$ とすると $\left(\frac{1}{2}\right)^{n-1}\to 0$ であるから，

はさみうちの原理より $a_n-2\to 0$

ゆえに， $\lim_{n\to\infty}a_n=\mathbf{2}$

2 極限値と導関数

大学入試において，いくつかの秘密テクニックがあります．次のロピタルの定理もその1つです．確かに便利なのですが，不用意に乱用して減点されないように注意してください．

249 □ $f(x)$，$g(x)$ は微分可能で　$f(a)=g(a)=0$ のとき

$$\lim_{x\to a}\frac{f(x)}{g(x)}=\lim_{x\to a}\frac{f'(x)}{g'(x)}$$

が成り立つ．

このことを利用して，次の極限値を求めなさい．

(1) $\displaystyle\lim_{x\to 2}\frac{x^3-8}{x^2-4}$　　(2) $\displaystyle\lim_{x\to 0}\frac{\sin x}{x}$

(3) $\displaystyle\lim_{x\to 0}\frac{\sin 5x}{x}$　　(4) $\displaystyle\lim_{x\to 0}\frac{1-\cos x}{x^2}$

(5) $\displaystyle\lim_{x\to 0}\frac{e^x-1}{x}$　　(6) $\displaystyle\lim_{x\to 0}\frac{\log(1+x)}{x}$

(7) $\displaystyle\lim_{x\to a}\frac{af(x)-xf(a)}{x-a}$

方針 $\dfrac{0}{0}$ となる不定型とよばれる極限値の計算は，ふつうは上手に式変形をして $\dfrac{0}{0}$ となってしまう原因を取り除いてから求めるが，上の定理を利用すると簡単に計算することができる．

▶(4)では上の定理を2回利用するとよい．

(参考) 上の定理を **ロピタルの定理** という．答案において乱用してはいけない．むしろ，検算用と思ったほうがよい．

ANSWER

特別問題

249

(1) $\displaystyle\lim_{x\to2}\frac{x^3-8}{x^2-4}=\lim_{x\to2}\frac{3x^2}{2x}$

$\displaystyle=\frac{12}{4}=\mathbf{3}$

(2) $\displaystyle\lim_{x\to0}\frac{\sin x}{x}=\lim_{x\to0}\frac{\cos x}{1}$

$\displaystyle=\frac{1}{1}=\mathbf{1}$

(3) $\displaystyle\lim_{x\to0}\frac{\sin 5x}{x}=\lim_{x\to0}\frac{5\cos 5x}{1}$

$\displaystyle=\frac{5}{1}=\mathbf{5}$

(4) $\displaystyle\lim_{x\to0}\frac{1-\cos x}{x^2}=\lim_{x\to0}\frac{\sin x}{2x}$

$\displaystyle=\lim_{x\to0}\frac{\cos x}{2}$

$\displaystyle=\mathbf{\frac{1}{2}}$

(5) $\displaystyle\lim_{x\to0}\frac{e^x-1}{x}=\lim_{x\to0}\frac{e^x}{1}$

$\displaystyle=\frac{1}{1}=\mathbf{1}$

(6) $\displaystyle\lim_{x\to0}\frac{\log(1+x)}{x}=\lim_{x\to0}\frac{\frac{1}{1+x}}{1}$

$\displaystyle=\frac{1}{1}=\mathbf{1}$

(7) $\displaystyle\lim_{x\to a}\frac{af(x)-xf(a)}{x-a}=\lim_{x\to a}\frac{af'(x)-f(a)}{1}$

$=\boldsymbol{af'(a)-f(a)}$

3 関数の無限級数展開

次の公式は高等学校の範囲を超えているのですが，知っていれば絶対に有利です．

250 □ e^x, $\sin x$, $\cos x$ などの関数 $f(x)$ については，次の式が成り立つことが知られている．

$$f(x)=f(0)+f'(0)x+\frac{f''(0)}{2!}x^2+\frac{f^{(3)}(0)}{3!}x^3+\cdots+\frac{f^{(n)}(0)}{n!}x^n+\cdots \quad \cdots\cdots ①$$

(1) e^x を①の形で表しなさい．

(2) $\sin x$ を①の形で表しなさい．

(3) $\cos x$ を①の形で表しなさい．

方針 e^x, $\sin x$, $\cos x$ を無限級数で表すことについて考える．結果はぜひ知っておくとよい．

▶ $f^{(n)}(a)$ は $f(x)$ の第 n 次導関数 $f^{(n)}(x)$ に $x=a$ を代入した値である．

▶ ①は，次のように表すこともできる．

$$f(x)=\sum_{k=0}^{\infty}\frac{f^{(k)}(0)}{k!}x^k$$

ただし，$0!=1$，$f^{(0)}(0)=f(0)$ である．

(参考) ①のような表し方を **マクローリン展開** という．

また，(1)の結果に $x=1$ を代入すると

$$e=1+1+\frac{1}{2!}+\frac{1}{3!}+\frac{1}{4!}+\cdots+\frac{1}{n!}+\cdots$$

が成り立つことがわかる．

なお，(1)の結果で x を xi に換えて整理し，(2)，(3)の結果と比較すると，次の式が成り立っていることがわかる．

$$e^{xi}=\cos x+i\sin x$$

これを，**オイラーの公式** という．

さらに，$x=\pi$ を代入すると，

$$e^{\pi i}=-1 \quad \text{すなわち，} e^{\pi i}+1=0$$

が成り立つ．

ANSWER

250 □

(1) $(e^x)'=e^x$, $(e^x)''=e^x$, 一般に $\dfrac{d^n}{dx^n}e^x=e^x$ であるから

$$e^x=e^0+e^0x+\frac{e^0}{2!}x^2+\frac{e^0}{3!}x^3+\cdots+\frac{e^0}{n!}x^n+\cdots$$

すなわち, $$e^x=1+x+\frac{x^2}{2!}+\frac{x^3}{3!}+\cdots+\frac{x^n}{n!}+\cdots$$

(2) $f(x)=\sin x$ とおくと

$$f'(x)=\cos x,\quad f''(x)=-\sin x,$$
$$f^{(3)}(x)=-\cos x,\quad f^{(4)}(x)=\sin x$$

以下, この繰り返しである.

$$f(0)=\sin 0=0,\quad f'(0)=\cos 0=1,$$
$$f''(0)=-\sin 0=0,\quad f^{(3)}(0)=-\cos 0=-1$$

よって,

$$\sin x=0+1\cdot x+\frac{0}{2!}x^2+\frac{(-1)}{3!}x^3+\frac{0}{4!}x^4+\frac{1}{5!}x^5+\frac{0}{6!}x^6+\frac{(-1)}{7!}x^7+\cdots$$

すなわち,

$$\sin x=x-\frac{x^3}{3!}+\frac{x^5}{5!}-\frac{x^7}{7!}+\frac{x^9}{9!}-\frac{x^{11}}{11!}+\cdots+(-1)^{n-1}\frac{x^{2n-1}}{(2n-1)!}+\cdots$$

(3) $g(x)=\cos x$ とおくと

$$g'(x)=-\sin x,\quad g''(x)=-\cos x,$$
$$g^{(3)}(x)=\sin x,\quad g^{(4)}(x)=\cos x$$

以下, この繰り返しである.

$$g(0)=\cos 0=1,\quad g'(0)=-\sin 0=0,$$
$$g''(0)=-\cos 0=-1,\quad g^{(3)}(0)=\sin 0=0$$

よって,

$$\cos x=1+0\cdot x+\frac{(-1)}{2!}x^2+\frac{0}{3!}x^3+\frac{1}{4!}x^4+\frac{0}{5!}x^5+\frac{(-1)}{6!}x^6+\frac{0}{7!}x^7+\cdots$$

すなわち,

$$\cos x=1-\frac{x^2}{2!}+\frac{x^4}{4!}-\frac{x^6}{6!}+\frac{x^8}{8!}-\frac{x^{10}}{10!}+\cdots+(-1)^{n-1}\frac{x^{2n-2}}{(2n-2)!}+\cdots$$

(参考) (1), (2), (3)の結果について,

$$(e^x)'=e^x,\quad (\sin x)'=\cos x,\quad (\cos x)'=-\sin x$$

が成り立っていることがわかる.

特別問題

4 接線の本数

251 □

点A(a, b)から曲線$y=e^x$に異なる2本の接線を引くことができる．このような点A(a, b)が存在する条件を求めなさい．

方針 接線の問題は接点から始める．

▶ 接点の座標がわかっていれば，利用する．
接点の座標がわかっていなければ，求める．
接点の座標が求められなければ，そのx座標をtとおく．

▶ 接点のx座標をtとおいて，接線の方程式を求める．
そして，その接線が点A(a, b)を通る条件を求める．

▶ さらに，その条件をtについての方程式と考え，異なる2個の実数解をもつ条件を考察する．

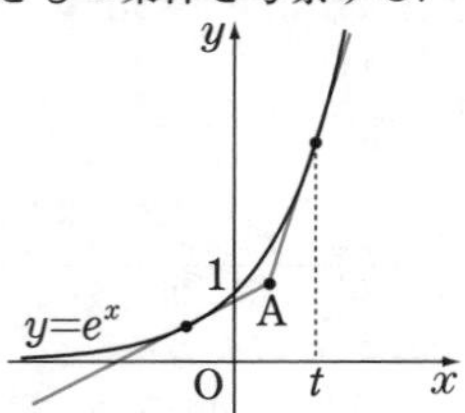

▶ $\lim_{t\to-\infty}\{-te^t\}=+0$　は用いてよい．

ANSWER

251

$y=e^x$　より，　$y'=e^x$

接点の x 座標を t とすると，接線の方程式は

$$y-e^t=e^t(x-t)$$

すなわち，　$y=e^tx-(t-1)e^t$

この接線が点 $\mathrm{A}(a,\ b)$ を通る条件は

$$b=e^t\cdot a-(t-1)e^t$$

すなわち，　$b=-(t-a-1)e^t$　……①

t の方程式①が，異なる 2 個の実数解をもつ条件を考察する.

①より，　$\begin{cases} s=b & \cdots\cdots② \\ s=-(t-a-1)e^t & \cdots\cdots③ \end{cases}$

③より，　$\dfrac{ds}{dt}=-(t-a)e^t$

③の増減は，右の表のようになる.

t	$-\infty$	$\cdots$	a	$\cdots$	$+\infty$
$\dfrac{ds}{dt}$		$+$	0	$-$	
s	$+0$	↗	e^a	↘	$-\infty$

したがって，③のグラフと直線②とが，異なる 2 個の共有点をもつような $(a,\ b)$ についての条件を求めればよい.

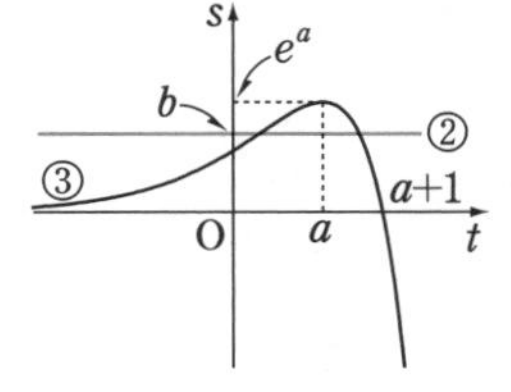

ゆえに

$$\mathbf{0<b<e^a}$$

(参考) 曲線 $y=e^x$ に何本の接線が引けるかを図示すると，次の図のようになる.

2：接線が 2 本引ける点の領域
①：接線が 1 本引ける点の領域
0：接線が 1 本も引けない点の領域

5 $\sin^n x$, $\cos^n x$ の定積分

面積・体積や長さを計算していると，$\int_0^{\frac{\pi}{2}} \sin^n x\,dx$，$\int_0^{\frac{\pi}{2}} \cos^n x\,dx$ などの形の定積分がしばしば出現します．これらの値を求めることは，n が大きくなるにつれて次第に困難になります．しかし，漸化式の考え方を利用すると，次のような簡単な公式が得られます．十分に理解して，適切に利用しましょう．

252 □ n を 0 以上の整数とし，$I_n=\int_0^{\frac{\pi}{2}} \sin^n x\,dx$ とおく．

(1) 次の漸化式が成り立つことを示しなさい．

$$I_n=\frac{n-1}{n}I_{n-2} \quad (n=2,\ 3,\ 4,\ \cdots)$$

(2) 次の公式を証明しなさい．

n が偶数のとき　$I_n=\frac{n-1}{n}\cdot\frac{n-3}{n-2}\cdot\cdots\cdot\frac{3}{4}\cdot\frac{1}{2}\cdot\frac{\pi}{2}$

n が奇数のとき　$I_n=\frac{n-1}{n}\cdot\frac{n-3}{n-2}\cdot\cdots\cdot\frac{4}{5}\cdot\frac{2}{3}\cdot 1$

方針 $\sin^n x=\sin^{n-1} x\cdot\sin x$ と考えて，部分積分を行う．

▶ $\int_a^b f(x)g'(x)dx=\Big[f(x)g(x)\Big]_a^b-\int_a^b f'(x)g(x)dx$

▶ たとえば $I_6=\frac{5}{6}\cdot\frac{3}{4}\cdot\frac{1}{2}\cdot\frac{\pi}{2}=\frac{5}{32}\pi$，$I_7=\frac{6}{7}\cdot\frac{4}{5}\cdot\frac{2}{3}\cdot 1=\frac{16}{35}$

(参考) $\int_0^{\frac{\pi}{2}} \cos^n x\,dx=\int_0^{\frac{\pi}{2}} \sin^n x\,dx$

であることが置換積分（$x=\frac{\pi}{2}-t$　とおく）を利用して証明できるので，$J_n=\int_0^{\frac{\pi}{2}} \cos^n x\,dx$

についても，上と同じ公式が適用できる．

ANSWER

特別問題

252

(1) $I_n=\int_0^{\frac{\pi}{2}}\sin^n x\,dx=\int_0^{\frac{\pi}{2}}\sin^{n-1}x\sin x\,dx$

$$=\Big[\sin^{n-1}x\cdot(-\cos x)\Big]_0^{\frac{\pi}{2}}-\int_0^{\frac{\pi}{2}}(n-1)\sin^{n-2}x\cos x\cdot(-\cos x)dx$$

$$=(0-0)+(n-1)\int_0^{\frac{\pi}{2}}\sin^{n-2}x\cos^2 x\,dx$$

$$=(n-1)\int_0^{\frac{\pi}{2}}\sin^{n-2}x(1-\sin^2 x)dx$$

$$=(n-1)\int_0^{\frac{\pi}{2}}\sin^{n-2}x\,dx-(n-1)\int_0^{\frac{\pi}{2}}\sin^n x\,dx$$

$$=(n-1)I_{n-2}-(n-1)I_n$$

よって，　$nI_n=(n-1)I_{n-2}$

ゆえに，　$I_n=\dfrac{n-1}{n}I_{n-2}$

(2) (1)の結果を繰り返し利用して

n が偶数のとき

$$I_n=\frac{n-1}{n}\cdot\frac{n-3}{n-2}\cdot\cdots\cdot\frac{3}{4}\cdot\frac{1}{2}\cdot I_0$$

n が奇数のとき

$$I_n=\frac{n-1}{n}\cdot\frac{n-3}{n-2}\cdot\cdots\cdot\frac{4}{5}\cdot\frac{2}{3}\cdot I_1$$

ここで，$I_0=\int_0^{\frac{\pi}{2}}\sin^0 x\,dx=\int_0^{\frac{\pi}{2}}1\cdot dx=\Big[x\Big]_0^{\frac{\pi}{2}}=\dfrac{\pi}{2}$

$$I_1=\int_0^{\frac{\pi}{2}}\sin^1 x\,dx=\Big[-\cos x\Big]_0^{\frac{\pi}{2}}=-(0-1)=1$$

ゆえに，

n が偶数のとき　$I_n=\dfrac{n-1}{n}\cdot\dfrac{n-3}{n-2}\cdot\cdots\cdot\dfrac{3}{4}\cdot\dfrac{1}{2}\cdot\dfrac{\pi}{2}$

n が奇数のとき　$I_n=\dfrac{n-1}{n}\cdot\dfrac{n-3}{n-2}\cdot\cdots\cdot\dfrac{4}{5}\cdot\dfrac{2}{3}\cdot 1$

6 回転体の体積公式の変形

回転体の体積を求めるには，回転軸に垂直に切断した断面である円の面積を，回転軸の向きに積分します．ところが，そのままでは素直には求められない次のような問題もあります．

253 □ 曲線 $y=\cos x\left(0 \leqq x \leqq \frac{\pi}{2}\right)$ と x 軸および y 軸とで囲まれた図形を，y 軸のまわりに1回転して得られる回転体の体積を求めなさい．

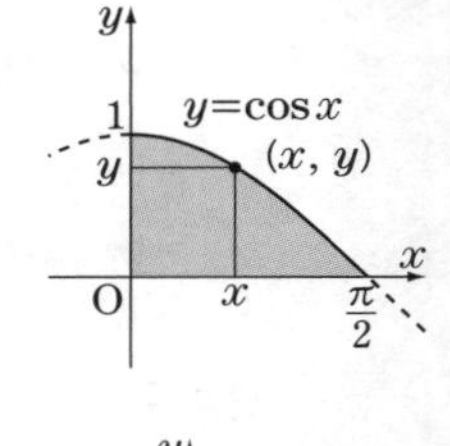

方針 回転軸である y 軸に垂直に切断し，断面である円の面積を y で積分する．

▶ $V=\pi\int_0^1 x^2 dy$

▶このままでは積分計算が困難であるので，置換積分により x の積分になおす．

(参考) 解答の途中の④は

$$V=\int_0^{\frac{\pi}{2}} 2\pi x\cos x\,dx \quad \cdots\cdots ④'$$

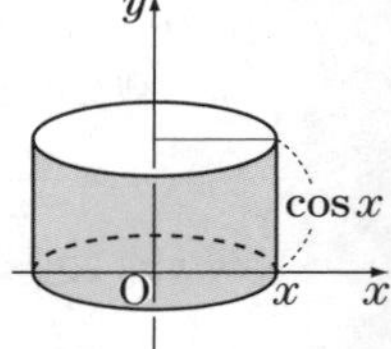

と変形できる．④′の被積分関数 $2\pi x\cos x$ は $2\pi x\times\cos x$ と分解すれば，$2\pi x$ は半径 x の円周の長さを表しているので，$2\pi x\cos x$ は右図の円柱の側面積を表す．したがって ④′ は，円柱の側面積を半径の向きに積分して回転体の体積を求めることができることを示している．

すでに教科書で学んだ体積の公式（ウェハース型）と上の ④′ を一般化した公式（バウムクーヘン型）とをお菓子のイメージで覚えておこう．

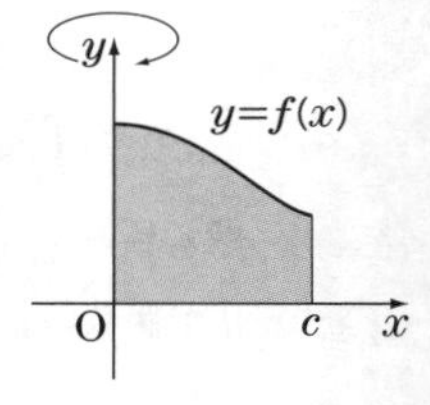

(I) $V=\int_a^b S(x)dx$（ウェハース型）

(II) $V=\int_0^c 2\pi x f(x)dx$（バウムクーヘン型）

ANSWER

253 □

曲線 $y=\cos x\ \left(0\leqq x\leqq\dfrac{\pi}{2}\right)$ 上の点を $(x,\ y)$ とすると，この回転体の断面である円の半径が x となるので，求める体積 V は

$$V=\pi\int_0^1 x^2dy \qquad \cdots\cdots ①$$

と表される．

ここで，$y=\cos x$ による x と y の値の対応は右のようになるので，①の右辺の積分を置換積分により変形して

y	$0 \to 1$
x	$\dfrac{\pi}{2} \to 0$

$$\int_0^1 x^2dy=\int_{\frac{\pi}{2}}^0 x^2\frac{dy}{dx}dx \qquad \cdots\cdots ②$$

となる．さらに，②の右辺を部分積分により変形して

$$\int_{\frac{\pi}{2}}^0 x^2\frac{dy}{dx}dx=\Big[x^2y\Big]_{\frac{\pi}{2}}^0-\int_{\frac{\pi}{2}}^0 2xy\,dx$$

$$=\Big[x^2\cos x\Big]_{\frac{\pi}{2}}^0+\int_0^{\frac{\pi}{2}}2x\cos x\,dx$$

$$=2\int_0^{\frac{\pi}{2}}x\cos x\,dx \qquad \cdots\cdots ③$$

を得るので，結局①，②，③より

$$V=2\pi\int_0^{\frac{\pi}{2}}x\cos x\,dx \qquad \cdots\cdots ④$$

となる．最後に，④の右辺の定積分を計算して

$$\int_0^{\frac{\pi}{2}}x\cos x\,dx=\Big[x\sin x\Big]_0^{\frac{\pi}{2}}-\int_0^{\frac{\pi}{2}}\sin x\,dx$$

$$=\frac{\pi}{2}-\Big[-\cos x\Big]_0^{\frac{\pi}{2}}$$

$$=\frac{\pi}{2}-1 \qquad \cdots\cdots ⑤$$

ゆえに，④，⑤より

$$V=2\pi\left(\frac{\pi}{2}-1\right)=\pi^2-2\pi$$

特別問題

7 無限級数 $1-\frac{1}{2}+\frac{1}{3}-\frac{1}{4}+\cdots+(-1)^{n-1}\cdot\frac{1}{n}+\cdots$

無限等比級数以外の有名な無限級数について考察しましょう．

254 □ 無限級数 $\sum_{n=1}^{\infty}(-1)^{n-1}\cdot\frac{1}{n}$ について，次の設問に答えなさい．

(1) $x \neq -1$ のとき，

$$1-x+x^2-x^3+\cdots+(-x)^{n-1}=\frac{1-(-x)^n}{1+x}$$

が成り立つ．このことを用いて，次の式を証明しなさい．

$$1-\frac{1}{2}+\frac{1}{3}-\frac{1}{4}+\cdots+(-1)^{n-1}\cdot\frac{1}{n}=\log 2+(-1)^{n-1}\int_0^1\frac{x^n}{1+x}dx$$

(2) $\sum_{n=1}^{\infty}(-1)^{n-1}\cdot\frac{1}{n}=\log 2$ であることを証明しなさい．

方針 与えられた等式の両辺を 0 から 1 まで積分する．

▶ $1-x+x^2-x^3+\cdots+(-x)^{n-1}$ は，
初項 1，公比 $-x$，項数 n の等比数列の和であり，
$x \neq -1$ より $-x \neq 1$ であるから，

$$1-x+x^2-x^3+\cdots+(-x)^{n-1}=\frac{1-(-x)^n}{1-(-x)}=\frac{1-(-x)^n}{1+x}$$

▶ この式を

$$1-x+x^2-x^3+\cdots+(-1)^{n-1}x^{n-1}=\frac{1}{1+x}+(-1)^{n-1}\frac{x^n}{1+x}$$

と変形し，0 から 1 まで積分する．

▶ $0 \leqq \int_0^1\frac{x^n}{1+x}dx \leqq \int_0^1 x^n dx=\frac{1}{n+1} \to 0$

★ 上の無限級数を，メルカトールの級数という．
次のライプニッツの級数もよく知られている．

$$\sum_{n=1}^{\infty}(-1)^{n-1}\cdot\frac{1}{2n-1}=1-\frac{1}{3}+\frac{1}{5}-\frac{1}{7}+\cdots=\frac{\pi}{4}$$

ANSWER

特別問題

254

(1)　$1-x+x^2-x^3+\cdots+(-x)^{n-1}=\dfrac{1-(-x)^n}{1+x}$　より

$$1-x+x^2-x^3+\cdots+(-1)^{n-1}x^{n-1}=\frac{1}{1+x}+(-1)^{n-1}\frac{x^n}{1+x}$$

両辺を 0 から 1 まで積分して，

$$\int_0^1\{1-x+x^2-x^3+\cdots+(-1)^{n-1}x^{n-1}\}dx$$

$$=\int_0^1\frac{1}{1+x}dx+(-1)^{n-1}\int_0^1\frac{x^n}{1+x}dx$$

$$左辺=\left[x-\frac{1}{2}x^2+\frac{1}{3}x^3-\frac{1}{4}x^4+\cdots+(-1)^{n-1}\cdot\frac{1}{n}x^n\right]_0^1$$

$$=1-\frac{1}{2}+\frac{1}{3}-\frac{1}{4}+\cdots+(-1)^{n-1}\cdot\frac{1}{n}$$

また，$\displaystyle\int_0^1\frac{1}{1+x}dx=\Big[\log|1+x|\Big]_0^1=\log 2$

ゆえに

$$1-\frac{1}{2}+\frac{1}{3}-\frac{1}{4}+\cdots+(-1)^{n-1}\cdot\frac{1}{n}$$

$$=\log 2+(-1)^{n-1}\int_0^1\frac{x^n}{1+x}dx$$

(2)　$0\leqq x\leqq 1$ のとき，$1+x\geqq 1$ より，$0\leqq\dfrac{1}{1+x}\leqq 1$

よって，$0\leqq\dfrac{x^n}{1+x}\leqq x^n$

したがって

$$0\leqq\int_0^1\frac{x^n}{1+x}dx\leqq\int_0^1 x^n dx=\left[\frac{1}{n+1}x^{n+1}\right]_0^1=\frac{1}{n+1}$$

ここで，$n\to\infty$ のとき，$\dfrac{1}{n+1}\to 0$　であるから，

はさみうちの原理より，$\displaystyle\int_0^1\frac{x^n}{1+x}dx\to 0$

ゆえに，$1-\dfrac{1}{2}+\dfrac{1}{3}-\dfrac{1}{4}+\cdots+(-1)^{n-1}\cdot\dfrac{1}{n}\to\log 2$

すなわち，$\displaystyle\sum_{n=1}^{\infty}(-1)^{n-1}\cdot\frac{1}{n}=\log 2$

8 e は無理数である

自然対数の底 e は無理数です．このことを，積分を利用して証明しましょう．

255 □ 自然数 n に対して

$$f_n(x)=x^n e^{1-x},\ \ a_n=\int_0^1 f_n(x)dx$$

とおく．

(1)　$0<x<1$ のとき，$0<f_n(x)<1$ である．
このことを利用して，$0<a_n<1$ であることを示しなさい．

(2)　a_1 の値を求めなさい．
また，$n\geqq 2$ のとき，$a_n=na_{n-1}-1$ が成り立つことを証明しなさい．

(3)　$\dfrac{a_n}{n!}=e-\left(1+\dfrac{1}{1!}+\dfrac{1}{2!}+\cdots+\dfrac{1}{n!}\right)$
が成り立つことを証明しなさい．

(4)　e は無理数であることを証明しなさい．

方針 e が有理数であると仮定して，矛盾を導く．

▶(1)，(2)，(3)の順に，誘導のとおり証明する．

▶(4)は，背理法を利用する．

▶e が自然数 p，q を用いて，$e=\dfrac{p}{q}$ と表されたと仮定すると

$$\frac{a_q}{q!}=e-\left(1+\frac{1}{1!}+\frac{1}{2!}+\cdots+\frac{1}{q!}\right)$$

となる．このことと(1)とが矛盾することを示せばよい．

▶$f_n'(x)=(n-x)x^{n-1}e^{1-x}$
$0<x<1$ において，$f_n'(x)>0$ であるから，$f_n(x)$ は増加関数で，$f_n(0)=0$，$f_n(1)=1$
よって，$0<f_n(x)<1$　が成り立つ．

★円周率 π が無理数であることも，積分を利用して証明することができるが，かなり難しい．

ANSWER

特別問題

255

(1)　$0<f_n(x)<1$ であるから

$$0<\int_0^1 f_n(x)dx<1$$

ゆえに，$0<a_n<1$

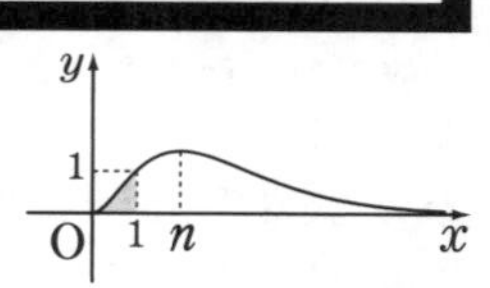

(2)　$a_1=\int_0^1 xe^{1-x}dx=\Big[x\cdot(-e^{1-x})\Big]_0^1-\int_0^1(-e^{1-x})dx$

$=-1+\Big[-e^{1-x}\Big]_0^1=-1-(1-e)=e-2$

$a_n=\int_0^1 x^n e^{1-x}dx=\Big[x^n\cdot(-e^{1-x})\Big]_0^1-\int_0^1 nx^{n-1}(-e^{1-x})dx$

$=-1+n\int_0^1 x^{n-1}e^{1-x}dx=na_{n-1}-1$

(3)　(2)より，$\dfrac{a_n}{n!}=\dfrac{a_{n-1}}{(n-1)!}-\dfrac{1}{n!}$

$$=\frac{a_{n-2}}{(n-2)!}-\frac{1}{(n-1)!}-\frac{1}{n!}$$

$=\cdots\cdots$

$$=\frac{a_1}{1!}-\left(\frac{1}{2!}+\frac{1}{3!}+\cdots+\frac{1}{n!}\right)$$

$$=e-2-\left(\frac{1}{2!}+\frac{1}{3!}+\cdots+\frac{1}{n!}\right)$$

$$=e-\left(1+\frac{1}{1!}+\frac{1}{2!}+\frac{1}{3!}+\cdots+\frac{1}{n!}\right)$$

(4)　e が有理数であると仮定すると，自然数 p, q を用いて

$$e=\frac{p}{q}$$

と表される．このとき，(3)で $n=q$ とすると

$$\frac{a_q}{q!}=e-\left(1+\frac{1}{1!}+\frac{1}{2!}+\frac{1}{3!}+\cdots+\frac{1}{q!}\right)$$

よって

$$a_q=q!\times\frac{p}{q}-q!\left(1+\frac{1}{1!}+\frac{1}{2!}+\frac{1}{3!}+\cdots+\frac{1}{q!}\right)$$

この式の右辺の各項はすべて整数であるから，a_q も整数である．

このことは，(1)に反する．

ゆえに，e は無理数である．

9 正三角形であるための必要十分条件

複素数平面上の三角形が正三角形であるための条件について考察します.

256 □ 複素数平面上に3点 A(α), B(β), C(γ) を頂点とする△ABCがある.

(1) △ABCが正三角形であるための必要十分条件は

$$\alpha^2+\beta^2+\gamma^2-\alpha\beta-\beta\gamma-\gamma\alpha=0$$

であることを証明しなさい.

(2) △ABCが右の図のような向きの正三角形であるための必要十分条件は

$$\alpha+\omega\beta+\omega^2\gamma=0$$

であることを証明しなさい. ただし, $\omega=\dfrac{-1+\sqrt{3}i}{2}$ である.

A
B
C

方針 正三角形を, 頂角が $\dfrac{\pi}{3}$ の二等辺三角形と考える.

▶(1)は, 点Aを中心として, 点Bを $+\dfrac{\pi}{3}$ または $-\dfrac{\pi}{3}$ 回転して, 点Cに一致すると考える.

▶ $+\dfrac{\pi}{3}$ の回転を表す複素数は, $\cos\dfrac{\pi}{3}+i\sin\dfrac{\pi}{3}$ であり, $-\dfrac{\pi}{3}$ の回転を表す複素数は, $\cos\left(-\dfrac{\pi}{3}\right)+i\sin\left(-\dfrac{\pi}{3}\right)$ である.

▶点Aのまわりの回転であるから, $\beta-\alpha$ に上記の複素数をかけて, $\gamma-\alpha$ に一致すると考える.

▶(2)では, ω は $+\dfrac{2}{3}\pi$ の回転を表すが, $-\omega$ が $-\dfrac{\pi}{3}$ の回転を表すと考えるとよい.

▶点Cを中心として, 点Bを $-\dfrac{\pi}{3}$ 回転して, 点Aに一致すると考えるとよい.

▶ ω は, $\omega^2+\omega+1=0$ を満たすので, $1+\omega=-\omega^2$ が成り立つ.

ANSWER

256

(1) △ABC が正三角形

$\Longleftrightarrow$ 点 A を中心として，点 B を $+\dfrac{\pi}{3}$ または $-\dfrac{\pi}{3}$ 回転して点 C に重なる

$\Longleftrightarrow \gamma-\alpha=(\beta-\alpha)\left\{\cos\left(\pm\dfrac{\pi}{3}\right)+i\sin\left(\pm\dfrac{\pi}{3}\right)\right\}$

$\Longleftrightarrow \gamma-\alpha=(\beta-\alpha)\left(\dfrac{1}{2}\pm\dfrac{\sqrt{3}}{2}i\right)$

$\Longleftrightarrow 2\gamma-\alpha-\beta=\pm\sqrt{3}i(\beta-\alpha)$

$\Longleftrightarrow (2\gamma-\alpha-\beta)^2=-3(\beta-\alpha)^2$

$\Longleftrightarrow \alpha^2+\beta^2+4\gamma^2+2\alpha\beta-4\beta\gamma-4\gamma\alpha=-3\alpha^2+6\alpha\beta-3\beta^2$

$\Longleftrightarrow \alpha^2+\beta^2+\gamma^2-\alpha\beta-\beta\gamma-\gamma\alpha=0$

(2) △ABC が図の向きの正三角形

$\Longleftrightarrow$ 点 C を中心として，点 B を $-\dfrac{\pi}{3}$ 回転して，点 A に一致する

$\Longleftrightarrow \alpha-\gamma=(\beta-\gamma)\cdot(-\omega)$

$\Longleftrightarrow \alpha+\omega\beta-(1+\omega)\gamma=0$

$\Longleftrightarrow \alpha+\omega\beta+\omega^2\gamma=0$

(参考) (1)は，次のように証明することもできる．

△ABC が正三角形 $\Longleftrightarrow \angle A=\angle B$ かつ $\angle B=\angle C$

$\Longleftrightarrow \triangle ABC \backsim \triangle BCA$

$\Longleftrightarrow \dfrac{\alpha-\beta}{\gamma-\beta}=\dfrac{\beta-\gamma}{\alpha-\gamma}$

$\Longleftrightarrow (\alpha-\beta)(\alpha-\gamma)=-(\beta-\gamma)^2$

$\Longleftrightarrow \alpha^2+\beta^2+\gamma^2-\alpha\beta-\beta\gamma-\gamma\alpha=0$

(参考) △ABC が裏返しの正三角形であるための必要十分条件は，(2)と同様に

$$\alpha+\omega^2\beta+\omega\gamma=0$$

ゆえに

△ABC が正三角形 $\Longleftrightarrow \alpha+\omega\beta+\omega^2\gamma=0$ または $\alpha+\omega^2\beta+\omega\gamma=0$

$\Longleftrightarrow (\alpha+\omega\beta+\omega^2\gamma)(\alpha+\omega^2\beta+\omega\gamma)=0$

$\Longleftrightarrow \alpha^2+\omega^3\beta^2+\omega^3\gamma^2+(\omega+\omega^2)\alpha\beta+(\omega^2+\omega^4)\beta\gamma+(\omega+\omega^2)\gamma\alpha$

$\Longleftrightarrow \alpha^2+\beta^2+\gamma^2-\alpha\beta-\beta\gamma-\gamma\alpha=0$

忘れやすい公式

■ 数　列

(1) 無限等比数列 $\{ar^{n-1}\}$ が収束

$\iff a=0$ または $-1<r\leqq 1$

(2) 無限等比級数 $\sum_{n=1}^{\infty} ar^{n-1}$ が収束

$\iff a=0$ または $-1<r<1$

■ 微　分

(1) 関数 $f(x)$ が $x=a$ で連続 $\iff \lim_{x\to a} f(x)=f(a)$

(2) 関数 $f(x)$ が $x=a$ で微分可能

$\iff f'(a)=\lim_{h\to 0}\dfrac{f(a+h)-f(a)}{h}$ が存在

(3) 関数 $f(x)$ が $x=a$ で微分可能

$\Longrightarrow f(x)$ は $x=a$ で連続

■ 積　分

(1) 区分求積法　$\lim_{n\to\infty}\dfrac{1}{n}\sum_{k=1}^{n} f\left(\dfrac{k}{n}\right)=\int_0^1 f(x)dx$

(2) 長さ　$L=\int_a^b\sqrt{1+\left(\dfrac{dy}{dx}\right)^2}\,dx=\int_\alpha^\beta\sqrt{\left(\dfrac{dx}{d\theta}\right)^2+\left(\dfrac{dy}{d\theta}\right)^2}\,d\theta$

■ 複素数平面

複素数平面上の異なる4点 A(α), B(β), C(γ), D(δ) について,

(1) AB∥CD $\iff \dfrac{\alpha-\beta}{\gamma-\delta}$ が実数

$\iff \dfrac{\alpha-\beta}{\gamma-\delta}=\dfrac{\overline{\alpha}-\overline{\beta}}{\overline{\gamma}-\overline{\delta}}$

(2) AB⊥CD $\iff \dfrac{\alpha-\beta}{\gamma-\delta}$ が純虚数

$\iff \dfrac{\alpha-\beta}{\gamma-\delta}+\dfrac{\overline{\alpha}-\overline{\beta}}{\overline{\gamma}-\overline{\delta}}=0$

〔数学Ⅲ・C 単問ターゲット　256〕 木部陽一　S4a120